POWERPOINT
FOR
BUSINESS
DOCUMENTS

「伝わるデザイン」
PowerPoint
資料作成術

渡辺克之[著]
Katsuyuki Watanabe

ソーテック社

Microsoft、PowerPoint、Excel、OfficeおよびWindowsは、米国Microsoft Corporationの米国及びその他の国における登録商標です。
本文中に登場する製品の名称は、すべて関係各社の登録商標または商標であることを明記して本文中での表記を省略させていただきます。
本書の内容は執筆時点においての情報であり、予告なく内容が変更されることがあります。また、システム環境、ハードウェア環境によっては本書どおりに動作および操作できない場合がありますので、ご了承ください。
本書の一部または全部およびサンプルファイルについて、個人で使用する以外、著作権上、株式会社ソーテック社および著作権者の承諾を得ずに無断で複写・複製することは禁じられています。また、いかなる方法においても、第三者に譲渡、販売、頒布すること、貸与、および再使用許諾することを禁じます。

はじめに

**相手に伝わるようにデザインをすれば、
資料はわかりやすくなっていきます。**

　私たちが仕事で使う資料にはさまざまなものがありますが、共通して求められるのは「わかりやすいこと」。パッと読むと、内容がピンと来て、打ち合わせをサッと終わらせる。忙しい読み手にとっての理想的な資料です。

　一方、資料の作り手にとっては厄介です。事実を伝える。アイデアを披露する。課題を指摘する。目的に沿った資料に向けて、交錯する言葉と感情の中で、主旨の筋道を立て情報をレイアウトしなければなりません。度々文章は連なり、読み継ぐ要素のつじつまが合わず、最下行に到着しないと結論に出会えない資料になりがちです。

　ビジネスで使う資料は、読み手が必要な情報、欲する情報がひと目でわかるつくりにするのが定石です。そうするにはスライド（紙面）をデザインする作業が必要です。本来、個人の力量に依存するデザインですが、「こう配置して、こう見せれば、こう感じてくれる」といった、メッセージを効果的に伝える見せ方があります。

　フォントの使い方、文章や色の見せ方、写真やグラフの訴え方。同じ情報要素を使っても、デザインの仕方ひとつで見え方は違ったものになります。大事なのはそれぞれの情報素材の役割を意識して、メッセージを伝えるのに最適なテクニックを選び、的確に表現することです。

　本書はパワポで資料をデザインする入門書です。そのような仕事に慣れていない人を説明の中心に置きました。実際の例題を使って、情報要素のまとめ方やレイアウトの良し悪しがわかるように解説しています。また、ダウンロードできるサンプルファイルも用意しています。ぜひ、本書を読んで使って試してください。実際に操作すればするほど、ノウハウを手に入れることができます。

　資料をデザインする力は、誰もが必要になるスキルです。覚えれば、一生使える武器になります。相手に伝わるようにデザインをすれば、自ずと資料はわかりやすくなっていきます。そして、そんな資料は良好なコミュニケーションを育み、日々の仕事が円滑に行われることでしょう。

2016年8月
著者しるす

CONTENTS

はじめに 3
本書の使い方／サンプルファイルについて 157
INDEX 158

Part 1 パワポじゃないとダメなんだ。仕事がはかどる魅力的な資料を作ろう！ ... 9

- 01 さぁ、どんな資料を作ろうか？ 10
- 02 パワポで資料を作ってみよう！ 11
- 03 「パワポは使うな」って本当？ 14
- 04 「見たい」と思わせる資料を作ろう！ 16

Part 2 テキパキと資料を作ってみたい。パワポを起動する前に知っておこう！ ... 19

- 05 資料は何枚にするのがいいの？ 20
- 06 画面で見せるか？ 紙面で見せるか？ 22
- 07 伝える情報を絞り込んでおこう！ 24
- 08 手書きであらすじを書いてみよう 26
- 09 「見てわかる」資料を作ろう！ 28
- 10 内容がシンプルなつくりを目指そう！ 30
- column 相手にプレゼン資料を送ったら、フォントが忽然と消えてしまったらしい!? ... 32

Part 3　画面に向かってモタモタしたくない。それなら、入力前の作業環境を整えよう！　33

11　マニュアル通りでは美しくならない　34
12　編集画面はできるだけ広く使おう　36
13　スライドのサイズを決める　38
14　メッセージが伝わる色を見つけよう　40
15　パワポが扱う情報要素を知っておこう　43
16　秩序ある美しいレイアウトにしよう　44
column　資料の全体構成をチェックするのは、スライドを1枚ずつめくるしかないの？　46

Part 4　文字をきちんと正しく伝えたい。まずはテキストボックスを攻略しよう！　47

17　テキストボックスからスタートしよう　48
18　イメージに合ったフォントを選ぼう　50
19　使う文字サイズも決めておこう　54
20　文章は「かたまり」でとらえよう　56
21　段落を意識させてまとまり感を出す　58
22　読みやすい行間と字間を見つけよう　60
23　読み手の視線の動きを考えよう　62
24　読みやすい見出しを作ろう　64
column　「以前作ったあのデータが使えそうだ〜！」それなら、以前のスライドを流用しちゃえば？　66

CONTENTS

Part 5 情報を手際よく片づけたい。上手にまとめてメッセージを伝えよう！ 67

- 25 要素を揃えて賢く見せよう 68
- 26 文章をさりげなく美しく見せる 70
- 27 情報をまとめてわかりやすくする 72
- 28 図解して多くの情報を伝えよう 74
- 29 内容の本質をズバッと見せよう 76
- 30 表で情報を分類・整理しよう 78
- 31 「見せる表」を意識して作ろう 80
- 32 グラフはビジュアルのメッセージだ！ 82
- 33 グラフを加工して意図を明確にしよう 84
- 34 リアリティのある動画を使おう 86
- 35 アニメーションを利用しよう 88
- **column** パワポがない？ 見るだけにしたい？ PDFなら、みんながハッピーになる！ 90

Part 6 わかりやすい資料にしたい。メリハリをつけてレイアウトしよう！ 91

- 36 文字をきれいに見せよう 92
- 37 長い文章を読みやすくしよう 94
- 38 書き出し位置を揃えよう 96
- 39 差異を付けて強調しよう 98
- 40 ページ構成にメリハリを付けよう 100
- 41 大小の差を作って印象を決める 102
- 42 アイコンに語らせてみよう 104

43	特徴のある文字で注目させる	106
44	写真を加工して印象的に見せよう	108
45	「次はココ」と読む順番を導こう	110
column	やっぱりスライドサイズを変えたい！ 少しだけ気をつけたいことがある	112

Part 7　メッセージを魅力的に見せたい。少しだけデザインを意識してみよう！　113

46	ゆとりと緊張感を作り出そう	114
47	統一感のあるデザインを作ろう	116
48	写真を魅力的に見せよう	118
49	写真の素材力で勝負しよう	120
50	シンプルで美しいデザインにする	122
51	「美しい」と感じるデザインにしよう	124
52	全体の印象は配色で決まる	126
53	見せたい箇所を色でアピールする	128
54	要素を反復させて統一感を出そう	130
55	重心を意識して安定感を出そう	132
column	自作図形をイラストのように使いたい。 じゃあ、自分で作ってしまえ！	134

Part 8　伝わる資料を作りたい。NG&完成サンプルでデザインセンスを磨こう！　135

56	文字を書き過ぎてしまうNG	136
57	情報を詰め込んでしまうNG	137

CONTENTS

58	何でもかんでも箇条書きのNG	138
59	たくさんのフォントを使うNG	140
60	表の装飾にこだわり過ぎるNG	141
61	目立たせようとして目立たないNG	142
62	必要な情報が入っていないNG	144
63	意味がいくつにも解釈できるNG	145
64	タイトルを大きくするだけのNG	146
65	冴えない画像を使ってしまうNG	148
66	画像を安易に変形してしまうNG	149
67	グラフを初期設定のまま使うNG	150
68	罫線で囲んでまとめたがるNG	152
69	背景にビジュアルを欲しがるNG	153
70	難しく読ませようとするNG	154
71	引き出し線がカッコ悪いNG	155
72	テキストボックスの余白を変えないNG	156

Part 1

パワポじゃないとダメなんだ。
仕事がはかどる魅力的な資料を作ろう！

仕事に欠かせない大切な資料なら、
パワポで作るとイイ。
自分が求めるわかりやすい資料が
案外サクサクと出来上がる。

01　さぁ、どんな資料を作ろうか？

Key word
資料とは

私たちが仕事をする上で**資料**は欠かせません。ビジネス資料は意見の発表と交換を仲介する役割を持ち、仕事の質を高めてくれる有効な手段です。したがって、資料は内容を正しく伝え、理解してもらえるように作る必要があります。「見せる」ものであり「使ってもらうために作るもの」なのです。

▍資料とは、「見せる」もの

仕事で作る資料のほとんどは、**相手に見せるもの**です。仲間や同僚、上司やお客様、パートナーといった人たちに見せて、意見を伝え交換して、仕事を進めていくのが一般的です。そこで「この資料は読みにくいなぁ」と思われてしまっては、一気に会話がトーンダウンしてしまいます。

作った資料を相手に読んでもらうには、いかにわかりやすく、そして簡潔に編集するかが重要になります。文章を入力したりグラフを作るよりも、意図が伝わる見せ方を考え、レイアウトする作業のほうが大変だったりするのです。

でも、この作業をしない人が多いようです。カッコいいキーワードを並べて悦に入って説明している人は、見せる相手、つまり「読み手」がいることを忘れています。ミーティングやプレゼン、そして講演でも、必ず読み手（聞き手）がいるのです。作り手は、見え方（読まれ方）を意識して資料を作る必要があります。

▍資料とは、「使ってもらう」もの

また、資料は**使ってもらうために作るもの**です。誰かに使ってもらい、初めて資料の価値が生まれます。そこで資料の作り手は、使ってもらえるように作らなければなりません。

- 文章が並んでいるけど、何を言いたいかがわからない資料
- 箇条書きで読みやすいが、抽象的で具体性に欠ける資料
- 凝った図解で見栄えがいいけど、言葉が足りない資料

このような資料は、読み手に多大な理解力を求めてしまいます。読み手が「ここはどういう意味なのかな？」と、疑心暗鬼で想像しながら読み進めるようでは、意図が正しく伝わるはずがありません。

「資料作りに時間をかけるのはムダ。議論の中で役に立てばいい。」

そんなことを言う人もいますが、資料の中身が相手に伝わなければ、わからない箇所の確認で時間を費やすことになります。相手の理解力に頼る資料では、活発な議論を期待しても無理というもの。使われる資料とは、読み手に負担をかけない資料でもあるのです。

02 パワポで資料を作ってみよう！

Key word
パワポの特長

皆さんはどんなソフトを使って資料を作りますか？　もちろん、何を使って作ってもいいのですが、「見てもらうため」「使ってもらうため」の資料にすることを考えると、見た目を整えることに労力を惜しんではいけません。そのためにも、ソフト選びはとても重要です。

どうしてパワポがイイの？

さて、皆さんは何を使って資料を作るのでしょうか？

「文章をテキパキ入力できるし、使い慣れたワードでしょ！」
「箇条書きでまとめるなら、情報を整理しやすいエクセルが便利さ！」

例えば、**ワード**で資料を作ると、長い文章や説明中心のコンテンツを流し込むだけで、神経質にページを意識しなくても、一応は読める資料になります。でも、直感に訴える図解や写真を気ままにレイアウトする柔軟性はありません。

また、**エクセル**は時間をかけずに要点を整理できます。表組みで情報をまとめる使い勝手のよさはピカイチです。でも、文章や図形の配置はセルを基準にしなければならず、見栄えのいい紙面にするにはコツが必要になります。

一方の**パワポ**は、ワードのように文章を書き連ねて意味をつかませるわけではなく、エクセルのように入力場所が決まっているわけでもありません。必要な素材をスライド上に並べ、自分の想像力に従ってレイアウトするのが基本パターンです。

情報が多いときは、ページ（スライド）単位で話が切れるように、順次的に説明を展開します。いわゆる紙芝居方式です。これなら自分が考える論旨を区切って、ストーリーに乗せて伝えられます。

▼ワードは、文章を流し込むだけで資料として恰好がつく

▼エクセルは、時間をかけずに内容を整理整頓できる

▼パワポは、自分が考えるストーリー通りに作ることができる

パワポの特長を理解しよう

　パワポによる資料の作り方は、まっさらのスライドに伝えたい情報を配置するだけです。どこに何を配置してもかまいません。キーワードで強調したり、コンセプトを図解で訴えたり、実物写真を披露したりと、レイアウトは作り手のアイデア次第です。

　また、言いたいことを1枚の紙に完結させることができます。作り込まれた1枚企画書は、言いたいことが明確に整理されたムダのない資料となります。

　言葉による情報だけでなく、図形やグラフ、アニメーションや動画を入れたスライドが作れます。視覚に訴える凝った演出が加えられるのも、パワポの大きな特長です。説明を受ける相手に刺激を与え、スライドや紙面、スクリーンに惹きつけることができます。

　そして、パワポと言えば、プレゼンテーションの代名詞。資料を作るだけでなく、プレゼンの準備から本番までをトータルにサポートします。顧客相手に商品の説明をしたり、自社の会議で企画を提案したり、学校のゼミで研究成果を発表するといった使い方に役立ちます。

　このようにパワポが持っている特長を生かせば、目的に合った資料に近付いていきます。

▼パワポの1枚資料は、
　シンプルで知的なビジネス資料

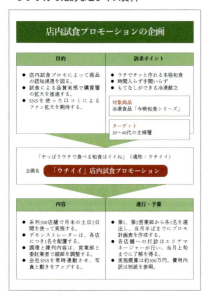

▼パワポのページ資料は、
　ストーリーと演出が必要なプレゼン資料

説明資料とプレゼン資料は違う

　本書が解説する資料とは、いわゆる**プレゼン資料**のことです。プレゼン資料とは一堂に会して講演するときに使うだけでなく、顧客相手に面と向かって商品説明したり、自社の会議で企画を提案したり、学校のゼミで研究成果を発表するといった使い方も想定しています。また、市場やアンケート、該当事案の調査結果を報告することもあるでしょう。

　このようなプレゼン資料は、必ずしも伝えたいことのすべてを書く必要はありません。なぜなら主旨を伝え、納得してもらい、期待する行動を取ってもらうのが目的だからです。読み手がわかりやすいように作るのが大原則になります。

　プレゼン資料には、プレゼンターという「話し手」がいます。話し手を介在してプレゼン資料を見せるわけですから、資料自体から細かなニュアンスが伝わらなくてもかまいません。話し手が内容を肉付けし、読み手の理解が進むように話し、ジェスチャーをし、演出を含んだパフォーマンスを行えばいいのです。主役はプレゼンターであり、資料はあくまでも脇役です。

プレゼン資料	説明資料
内容を伝えて、読み手が納得して、期待する行動を促すためのもの	それだけを読んで主旨や内容を理解してもらうためのもの

「資料」は脇役　　　　　　　　　「資料」が主役

読み手に伝える内容を絞り込み、余分をそぎ落とした情報だけを入れる。　　　読み手に理解してほしい情報を（状況が許す限り）たくさん盛り込む。

03 「パワポは使うな」って本当？

Key word
見せる資料

最近、Amazon（アマゾン）やFacebook（フェイスブック）、LinkedIn（リンクトイン）、日本ではトヨタやサントリーといった企業が、社内ミーティングでパワポを使用禁止にしています。何時間もかけてスライドを作っても、作成者の思考が深まるとは限らず、良好な討論も生まれてこないからというのが理由のようです。

■ パワポのせいではありません

少しばかり資料としての体裁を整えたいなら、手書きで提出というわけにはいきません。ここで、パワポの出番になります。

「パワポって、どこから操作していいかわからない……」
「別に、大げさなプレゼンをするわけじゃないし……」
「パワポで作ると、みんな同じに見えるんだよね……」

こんな声が聞かれるのも確かです。でも、これって果たしてパワポのせいでしょうか？

何の疑いも持たずに標準装備のデザインテーマを使ったり、新規作成で画面に鎮座するプレースホルダーに大量の文字を打ち込む。時間をかけた割に仕上がりが伴わないとなれば、アプリ嫌いの上司からは「パワポで遊ぶな」と言われるのがオチです。

例えば、市販の冷凍食品を使えば、プロ風の料理に見せることも可能ですが、"ひと手間"かけなければ相手をうならせる味になりません。同様に、作った資料が読み手に伝わるかどうかは、パワポではなく作り手の能力と姿勢の問題です。パワポは使ってイイんです。

仕事を進める上で欠かせない資料。その資料をわかりやすく魅力的に作るには、ほかのどのソフトよりパワポの機能が役立ちます。パワポができること。パワポだからできること。正しく理解して資料作りに挑戦しましょう。

≫ こんなパワポの使い方はダメだ！

- パワポで資料を作ることが目的になっている
- 内容が簡素化・抽象化され過ぎている
- 誤読されやすい表現になっている
- 時間をかけてムダな演出に注力している
- 「また、このデザインか……」と思われている

「読ませる」よりも「見せる」ほうがいい

では、パワポでよい資料を作るには、どうすればいいのでしょう？

それには、たくさん書きたい欲望を抑えて、少ない情報で内容がわかるスライド（紙面）にすることです。言い換えるなら、「読ませる資料」ではなく「見せる資料」にすること。

どんなに示唆に富んだ言葉を駆使しても、まわりくどいようなら読み手は「わかろう」としません。箇条書きにしたり、文節を短くすれば読みやすくはなりますが、見た瞬間にパッと頭に入ってくることが最も大事です。その意味では見せる資料とは、「ビジュアル化した資料」と言い換えることができるでしょう。

ビジュアル化した資料はシンプルなので、何を言いたいのかがひと目でわかります。スライド自体にインパクトが出て、印象度や記憶度が高まります。だから、読み手が納得するのです。

≫基本は1枚で完結した作り

紙面をビジュアル化するテクニックはPart5以降で紹介しますが、常に意識して欲しいのが、1枚で完結している作りにすることです。「提案内容をすべて1枚に収めろ」と言っているわけではありません。資料を構成するそれぞれの1ページは、そのページで読み終える内容にしておくということです。言い換えれば、1ページ1ページに区切りがつくようにしておくことです。

例えば、3つの要点を伝える内容なのに、3つ目だけが次のページに送られるようでは、構成のバランスが悪くて読み心地が悪くなってしまいます。文章を短くして3つの要点を1ページにまとめるか、3ページを使ってそれぞれの内容を説明すれば、すっきりするでしょう。

ビジネス資料は論文でもなく説明書でもありません。見せる資料にするには、必要な情報だけを手短にまとめることが欠かせません。

●ビジネス資料とは？

04 「見たい」と思わせる資料を作ろう！

Key word
目的

自分の主張や提案、決裁を求める資料は、ついつい独りよがりになりがちです。思いを書けば、相手に伝わると思っていませんか？ ビジネス資料は説明することが目的ではなく、**相手が動いてくれる**ことを目指すもの。そのためには「見たい」と思わせなくてはなりません。

やってはいけない3つのこと

スライドの作成で多い失敗を挙げておきましょう。

まず、**情報を詰め込み過ぎてしまう**ことです。雰囲気がいいからと言って写真を入れ、強調したいからと同じことを繰り返す資料が多いのです。あれもこれも書き込んでしまうと、限られたスペースは収拾がつかなくなります。その結果は読みにくくなって、言いたいことがわかりづらくなります。

次に、**押しつけがましくなってしまう**こと。いわゆる「ゴリ押し」「独りよがり」の資料です。しっかり意見を伝えようとするあまり、「○○すべきです」「○○じゃダメなんです」と、自分の論理をグイグイ押し付ける資料があります。説き伏せようとすればするほど逃げていくもの。正論だけで相手は動きません。

そして、**中身が漠然としている**こと。「当たり障りのないことを延々と述べるだけ」「抽象的な話ばかりで具体的なアイデアがない」資料は、漠然としていて何を伝えたいのかがわかりません。借りてきた言葉で繋いだ資料は、具体性がなく読み手の心に響きません。

なぜ、この資料を作るのか？

意外と忘れてしまいがちなのが、「なぜ、この資料を作るのか」という**目的**です。きれいな資料を作ることや、カッコいいプレゼンすることが目的ではありません。資料を作り、それを説明する理由は、**相手が動いてくれる**ことを期待するからです。

上手く説明したつもりなのに、「どうしてわかってくれないんだろう」と思うことがありませんか？ これは、次のいずれかが原因です。

❶そもそも説明した内容が伝わっていない
❷伝わっていても、相手が行動を起こしたくなる伝わり方をしていない

ビジネスにおける結果とは、相手が行動して初めて出るもの。資料の内容を「伝える」ときは、相手が動きたいと思うメッセージが「伝わる」ことで、初めて「動いてくれる」のです。したがって、相手が動こうとするだけの強いメッセージを入れて資料を作らなければなりません。「見たい」と思う資料は、相手が自然と感じ取るものです。

● 説明することが目的ではない

誰に伝えるかをハッキリさせよう

　相手を動かすためには、その相手を知らないといけません。つまり、**誰に伝える資料なのかをハッキリさせる**必要があります。相手がわからなければ、内容を説明するための戦略が立てられません。プロジェクトの打ち合わせといった仲間うちで使う資料なら、さほど読み手を意識しなくてもいいでしょうが、上司や顧客、来場者に読んでもらうものとなると話は別です。

　最初に読む人は誰で、決裁者は誰か。さらに対象者の性格や嗜好、経験といった情報も調べておくといいでしょう。専門知識を持たない相手が「噛み砕いて書いてあるな」と思えば、提案を評価したくなります。参加者を募るプレゼンなら、あらかじめ主催者側から参加者の属性を入手しておけば、汎用ある業界事例を紹介したり、流行りのネタで興味を持たせることが可能になります。

● 対象者を意識しよう

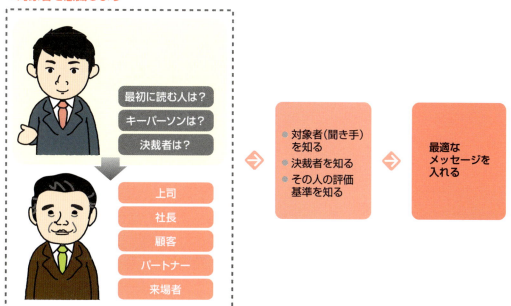

相手が動きたいと思う理由を書こう

　資料の対象者が決まり、最適なメッセージも書き出した。いざ、資料を作り始めてみると、使い古された深みのない言葉が続く。相手には「言っていることはわかるんだけど……」と言われてしまう。こんな経験はありませんか？

　相手は、自分が思うほどあなたに興味を持ってはいません。そんな相手を振り向かせるには、**自分が言いたいことではなく、相手が動きたいと思う理由を書く**ことです。提案する内容によって理由は異なりますが、特に行動するメリット（または行動しないデメリット）を積極的に提示すれば、少なくとも読み手は「何か変わりそうだな」と思ってくれます。

　例えば、施策を実行すれば「消費者の声が聞ける」（実行しないと「消費者ニーズがつかめない」）、システムを導入すれば「効率的に販売営業ができる」（導入しなければ「効率の悪い営業活動のまま」）など、相手の課題がクリアできる情報を盛り込めば、「やってみようか！」と思い始めてくれます。

　また、自分の考えを一方的に押し付けるケースもあります。「○○○すべきなんです！」と強調するばかりの説明はエゴであって、相手の状況を無視しています。結局は「商品を売りたいだけか」「予算を取りたいだけか」と映ってしまいます。

　自分の言いたいことだけを熱弁しても、相手は動いてくれません。相手が動きたくなるようなメッセージを作り、「読んでみたい」「もっと話を聞きたい」「ぜひやってみたい」と思わせるようにしましょう。

Part 2

テキパキと資料を作ってみたい。
パワポを起動する前に知っておこう！

パワポを使う前にやっておくべき
大切なダンドリがある。
骨子をまとめてスタートすれば、
矛盾のない資料に仕上がるはず。

05 資料は何枚にするのがいいの？

Key word ページ数

資料の用途は千差万別ですから、情報をどれくらい入れるかといった判断も様々です。しっかりストーリーを組み立てて、ページをめくらせるなら何十ページにもなります。サッとキレよくプレゼンしたいなら1枚資料もアリです。プレゼン状況で使い分けたいところです。

数ページでテンポよく見せる

資料は何枚にまとめるのがいいのでしょうか？

プレゼンのスライドは、1枚につき1分とか5分といったいろいろな意見がありますが、枚数が多い、少ないという指摘は的外れです。説明する**内容によって最適な枚数は異なる**のですから。

そうは言っても作る側にとっては、ある程度の判断基準は欲しいところです。あえて言うなら、

- 1枚1分で進めると、相手がメモを取る余裕がなくなる
- 説明を加えるなら、1枚につき2〜3分（または3〜4分）にする

といったあたりが目安になりそうです。

やはり、重要になるのは資料の枚数ではなく、きちんとメッセージを伝えられるかどうか。特に、プレゼンのスライドは視覚資料ですから、いかにわかりやすくまとめるかが重要になります。

例えば、説明の核となる図解を正しく伝えたいなら5分かけてもいいでしょう。また、スライド1枚に収まる内容でも、2枚、3枚に分けたほうがわかりやすいのであれば、そうすべきです。最初から「○○枚にまとめよう」とすることは避けましょう。

» さまざまなメソッド

巨大な文字だけで構成する「**高橋メソッド**」は、スライド1枚につき10秒程度使います。「**レッシグ・メソッド**」は、大量のスライドを使ってハイテンポで畳みかけます。スライドの一部をめくる「**もんたメソッド**」は、聞き手と会話しながらじっくり説明をします。

どんな方法、何ページの資料であっても、言葉は短いほど伝わりやすくなります。数ページの資料ならポンポンと見せるとリズムが出て、次ページへの期待感も生まれます。

ページ資料はスライド1枚につき1つのコンテンツを基本にして、本当に重要な情報、伝えたい情報だけを入れるようにしましょう。

単純明快な1枚に仕上げる

　もう1つ考えたいのは、資料を**1枚でまとめる**ことです。忙しい上司やお客様の状況を考えたときに、30枚と1枚の資料ではどちらが親切でしょうか。間違いなく「1枚」のはずです。

　「さぁ、説明をしますよ」といった瞬間に、1枚の資料が出てくる。このインパクトと読み手の期待感は、何十枚からなるページ資料にはありません。

　スライド（紙面）のスペースが限られる1枚資料は、読み手の視線の中ですべてが完結します。作り手はつじつまの合った論理を考えなければ欠点を突かれますので、何度も推敲を重ね、無駄のない文章になり、長かった文章は短く整理されて図解へと向かいます。

　結局、1枚に凝縮するとシンプルになって単純明快になります。言いたいことが明確に整理されて見せる資料になっていきます。

≫ サマリーや別紙を用意する

　データとしての意味合いが強い資料であれば、「絶対、1枚にはならないよ！」という場合もあるでしょう。そんなときは、1枚の要約（サマリー）を作りましょう。ページ資料の中にサマリーを1枚を入れるだけで、全体が見渡せるようになりますので、読みたくない相手でも目を通してくれる可能性が高まります。

　逆に、1枚資料では心もとないと感じる人は、必要な箇所を注釈扱いにして別紙で補足情報を用意すれば、相手が必要なときに自由に読むことができます。

　信頼関係を築いた顧客への企画提案や、上司とフェイス・ツー・フェイスでアイデアを披露するなど、カジュアルな環境でアイデアを発表できる場があれば、ぜひ1枚資料に挑戦してみましょう。

● 1枚資料のメリット

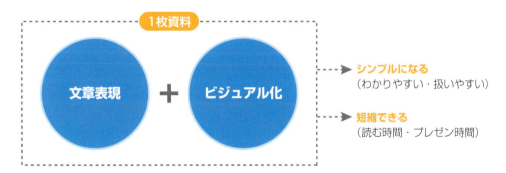

06 画面で見せるか？　紙面で見せるか？

出力方法

作った資料を見せるのは画面ですか？　それとも、出力した紙ですか？　どちらの方法で資料を説明するかで、作成するスライドのサイズが変わってきます。まずは、画面で見せる場合の注意点を押さえておきましょう。

▌画面で見るなら、スライドサイズに注意

　最近のパソコンは、少し横長のワイド画面が主流です。パワポ2013/2016でスライドを新規作成すると、このワイド画面に合った「**16：9**」の比率のサイズになります。パワポ2010では「**4：3**」の比率のサイズになります。

　ワイド画面やハイビジョンサイズのディスプレイを使うなら、ワイド画面サイズの「16：9」で作ります。このサイズは横長の画面にピッタリとキレイに表示できます。

　それ以外のパソコンやiPadのようなタブレット端末、さらにプロジェクターでスクリーンに映すなら、標準サイズの「4：3」に設定するのが一般的です。

　スライドのサイズと画面表示の比率が異なると、スライドショー時に画面の左右や上下に黒い余白が出てしまいます。本番中に欠けたスライドを出そうものなら、プレゼンは負けたも同然です。スライドのサイズは、作り始める前に設定しておくクセを付けておきましょう。スライドのサイズを設定・変更する手順は、112ページを参照してください。

≫ 表示装置とスライドサイズ

　ホールや会議室のスクリーンに映したり、タブレット端末で披露したりと、スライドサイズは会場の設備や機器の画面比率に合わせて設定しておくのが基本です。標準サイズでもワイド画面サイズでもない画面は、ユーザー設定画面で「幅」や「高さ」を入力して設定してください（39ページを参照）。

▼パワポ2013/2016は「ワイド画面（16：9）」が初期設定

▼「標準（4：3）」は編集エリアが小さくなる

出力紙がメインなら、A4サイズで作ろう

「メールに添付したファイルを開いて見てもらう」あるいは「クラウド上にあるファイルにアクセスして自由に見てもらう」など、資料を使った打ち合わせやプレゼンが、いろいろなスタイルで行われるようになりました。「見ておいてください」「いかがでしたか？」このようなプレゼンも自然の流れでしょう。

それでも、資料を印刷する状況は生まれます。プレゼンデータを受け取った人が、自分で印刷してコメントを書き込んだり、そのまま第三者へ渡すこともあるでしょう。もちろん、講演やセミナーの会場で配布資料を渡すことは、日常のビジネス光景です。

「資料を印刷して使用する」のがメインであれば、スライドサイズを「A4」サイズに設定しておきましょう。前述した「16：9」や「4：3」などのサイズで印刷すると、上下と左右に多めの余白が生じます。しかし、A4サイズを指定すれば、

- 余白が少なくなって紙面が広く使える
- 見た目のバランスのよさがアップする

といったメリットが出てきます。

また、少しのスペースも貴重な1枚資料を作る際にも、A4サイズは有効です。余白が狭まった分だけレイアウトに余裕が生まれます。天地左右を有効に使えますから、メリハリの効いた紙面作りができるようになります。

▼「16：9」などのスライドは、余白が多くバランスが悪い

▼「A4」のスライドは、余白が少なく見た目がイイ感じに収まる

07 伝える情報を絞り込んでおこう！

Key word
1メッセージ

資料作りで大切なのは骨子をまとめることです。骨子さえまとまっていれば、資料に入れる"ざっくりした文言"はほとんど出来ていることになります。その分、レイアウトや図解といった、伝わる資料に仕上げるためのパワポの実作業に労力を注ぐことができます。

■ 吟味した情報だけでレイアウトする

"文章が多いほど説得力が増す"という勘違いは、ぜひ避けなければなりません。「これで本当に伝わるかなぁ？」と不安に駆られ、文章やイラストを不用意に入れてしまうと、枝葉末節の情報が埋め込まれ、わからない資料にまっしぐらです。初めて資料を作る人や、内容が上手くまとめられない人は、この傾向があります。

例えば、アパレル専用サイトが新しく食品を販売するアイデアがあったとしましょう。地方老舗店の食品だけを扱う差別化販売を考えている資料に、「売上拡大に向けて」「新規分野に参入」と言った陳腐な文章を書き連ねては、興ざめです。食品つながりという理由だけで、レストランや料理の写真を入れても意味がありません。紙面に余白があるからと言って、缶詰やお菓子のイラストを散りばめても幼稚過ぎます。

むしろ、「地方」「希少性」「旨いもん発見」といったキャッチコピー1つで際立たせるか、該当する県の地図でイメージを膨らませることのほうが、簡潔で伝わりやすいはずです。

- 作り手は、「あれもこれも言いたい」「多くの情報を伝えたい」
- 読み手は、「パッと中身をつかみたい」「サッと読み終えたい」

双方の異なる願いを叶えるには、**伝える情報を絞り込む**しかありません。ビジネス資料は情報の取捨選択と内容の吟味を重ね、絞り込んだ情報でシンプルに仕上げると、内容が伝わりやすくなります。情報が少なければ記憶しやすく、ブラッシュアップされていれば印象に残るのです。スライド（紙面）のスペースを目一杯使うのではなく、吟味した情報だけでレイアウトしてみましょう。

✕ 長い文章や多くの視覚要素があると、理解しづらい

○ 伝えたい情報をギュッと絞り込むと、わかりやすくなる

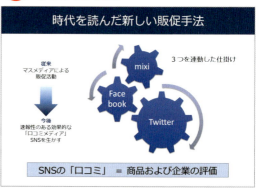

1つのスライドには、1つのメッセージ

　1枚のスライドに配置した情報のすべてが、そのページで意図を伝えるためのツールです。ここに関係のない要素あったり、複数の主張が書き込まれていると、意図が伝わりにくくなってしまいます。

　たくさん書きたいのを我慢して最小限の情報に抑えることは、情報整理のテクニックになりますが、まずは1ページに1つのメッセージを入れることを心がけましょう。各ページが1つのメッセージで作られていれば、読み手はあなたのプレゼン内容が理解しやすくなります。

≫ 誰に何を伝えたいのかを明確に

　前述したように、資料を作るときは、誰に何を伝えたいのかを明確にしておく必要があります。対象者をしっかり認識していれば、自然と伝えるべき情報が絞り込まれていきます。また、1つのスライドに複数のメッセージが入りにくくなります。

　例えば、プロジェクト資料であれば、すでに提案事案は決まっているでしょうから、企画背景や他社動向といった既知の情報は不要です。良好な関係を築いている顧客から「アイデアを聞かせてくれないか」と言われたならば、図解をメインにした1枚企画書で話が通じることでしょう。

　紙面を埋めるだけの文字や図形、関係のないイラストや写真は、一刻も早くレイアウトから削除しましょう。

1つのスライドに「1メッセージ」を入れる

　これは、誰もが簡単に取り組める資料作成術です。

▼1枚のスライドに複数のメッセージがあると、聞き手は混乱する

▼1枚のスライドにメッセージが1つだと、読み手の理解が早い

08 手書きであらすじを書いてみよう

Keyword
あらすじ
サムネイル

すぐにキーボードを叩かないで、手書きであらすじを書いておきましょう。頭の中の情報をストレートに描写でき、思考が整理しやすいからです。あらすじを作っておけば、伝える情報が絞り込まれていきます。本当に重要な部分がまとまっていれば、大きな失敗は起きません。

あらすじでストーリーを組み立てる

「さて、資料を作るか！」と気合いっぱいで画面に向かい、いきなりパワポを立ち上げる。これでは九分九厘、わかりやすい資料になりません。

ビジネス資料は、読み手を納得して行動してもらうための手段。そこでは読み手が論理的に理解できるように、話を繋げる作業が必要です。この設計図がないままパワポを使っても、脈絡のない文章が入力されるだけ。すぐに画面を見つめたまま動かなくなるのがオチです。

そうならないためには、最初にあらすじを書きましょう。あらすじとは、言い換えればストーリーのこと。話のポイントとなるキーワードを書き出し、自分が説明したい順番に沿って取捨選択しながら、ストーリーを組み立てるのです。

あらすじは走り書き程度でかまいません。ページ資料なら、ざっくりとしたページネイション（台割）にすると、全体が見渡せて情報の過不足と濃度がイメージしやすくなるでしょう。

あらすじを書くメリットは、不要な情報が整理され、ポイントが明確になることです。情報の重複が避けられて、前後のつじつまが合っているかどうかチェックしやすくなります。

●あらすじの作り方

あらすじは手書きに限る

手書きはシンプルな表現方法のため、頭の中の情報をストレートに描写してくれます。何の制約もなく、間違ってもゴチャゴチャ書いても許されます。細部を気にせずに「書く」ことで、フリーハンドの自由度と開放感に浸り、アイデアが放出されます。

サムネイルがあるといい

あらすじはキーワードで作ってもいいのですが、要素の関係性や変化、位置付けといった情報は見てもわかりません。あらすじをもう少し固めたいときは、**サムネイル**を作るといいでしょう。

サムネイルは、紙面のイメージを簡単に視覚化したもの。つまり、ページのラフスケッチです。あらすじより細部を意識したものになります。

≫ サムネイルは自分のためのビジュアルメモ

サムネイルを作るときには、「何を、どこに、どんなかたちで入れるか？」を考えて全体のバランスをスケッチします。そして、論理の流れや情報の過不足をチェックしながらストーリーを作ります。

出来上がったサムネイルは、スライド作りの実作業で各箇所の作り込みを手助けし、展開する主旨の矛盾を見つけることにも役立ちます。サムネイルは自分のためのビジュアルメモです。誰に見せるわけではありませんから、美しさを気にする必要はありません。

いずれにしても、設計図なしで家を建てる人はいませんから、まずは走り書き程度のあらすじを用意してから資料を作り始めましょう。そして、もう少しストーリーと内容を意識したいときにサムネイルで落とし込んでみましょう。

▼ すでに内容が整理済みなら、ざっくりしたサムネイルでもいい

▼ 具体的な表現方法がイメージできるなら、そのままスケッチする

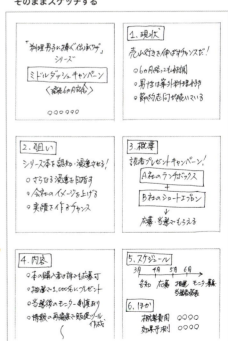

▼ あらすじやサムネイルを元にレイアウトする

09 「見てわかる」資料を作ろう！

Key word
資料の違い

資料の読み手やプレゼンの聞き手は、忙しい人がほとんどです。企画プレゼンともなると、アイデアの採用を決断する決裁者が多くなります。このような人たちがスピーディーに判断を下せるのは、どんな資料でしょうか？　言うまでもなく、見せる資料です（15ページを参照）。

大事なのは、「見てわかる」こと

　ビジネス資料で求められるのは、<u>見てわかる</u>こと。スクリーンに投影したプレゼンでは、少ない文章と図解した資料がベストです。そのほうが聴衆にとって見やすく、プレゼンターの話を頭に残しつつ理解できるからです。

　考えてもみてください。遠目から見るスクリーンに細々した文字が書かれていたら、あなたはどう思いますか？　しかも、プレゼンターがそのスライドをなぞるように朗読し始めたら……。やはり、スライドは記憶できる程度の短い文言でまとめて、プレゼンターが聴衆を飽きさせないパフォーマンスを披露するのが理想です。

　お客様に提案する企画プレゼンの場合はどうでしょう。担当者にプレゼンしたあとで上司や関係者の手に渡るときには、紙面に〝プレゼン〟してもらわないといけません。そのためには多くの情報を盛り込みたいところですが、説明資料になっては興ざめです。やはり、図解やビジュアルで紙面を楽しくさせる工夫が必要です。

≫ ビジネスの現場では、起承転結の展開は敬遠される

　私たちはどうしても起承転結を使って作りがちです。でも、ビジネスの場面では、最後まで聞かないと結論が見えない資料は敬遠されます。読み手は、少しでも早く内容を把握したいもの。読み手が必要な情報、欲しがる情報が一見してわかる構成にするのが、ビジネス資料の鉄則です。

　パワポはいろいろな機能があるために、ついついスライド（紙面）を厚化粧にしがちです。でも、資料の読み手やプレゼンの聞き手に、資料の意図をきちんと伝えるには、スリム化した最低限の情報にした「見てわかる」つくりのほうが、伝わりやすいのは事実なのです。

●読む資料と見る資料の違い

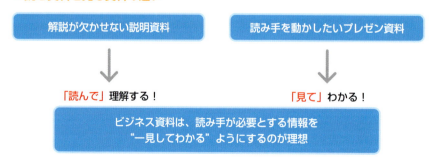

スライデュメントを回避しよう！

　作業負担を減らすために、説明とプレゼンの両方で使える資料が作れれば便利です。しかし、スライドと配布資料のどっちつかずになる「**スライデュメント**」になるのが目に見えています。身振り手振りで紹介するプレゼン時のスライドと、じっくり読んでもらう説明資料では、自ずと役割が異なります。
　それぞれで、資料の内容や作り方が変わってくるのも当然です。
　例えば、わずかな時間で簡潔に自分のアイデアを売り込む「**エレベーター・ピッチ**」では、ページ資料は適切ではありません。思いを詰め込んだ1枚資料がベストです。読み手の視線の中ですべてが完結する凝縮された1枚は、決裁者が短時間で内容を把握するのに適しています。

≫ 心理的に読みやすく作る

　また、見出しを付けるのも効果的です。見出しは「内容を一言で言うと……」と書き出す作業に似ています。文脈にふさわしいキーワードをポンと取り出し、表に出してあげるのです。心理的に読みやすくすれば、忙しい人でも見出しくらいは目を通してくれます。しかも、そこだけでわかった気分になるでしょう。
　ただし、どうしてもページ資料になってしまうのであれば、要約（サマリー）ページを1枚差し込んでおく手もあります。忙しい相手に対し、最悪そのページだけを読んでもらえれば、作り手の思いだけは届くでしょう。
　いずれの場合でも、「見てわかる」資料からは、シンプルなのに多くの情報が読み取れるようになり、相手に伝わる紙面になっていきます。

プレゼン時のスライド	配布資料
プレゼンのストーリーに引き込み、生のスピーチを盛り上げるために使う	プレゼンの補足として、また持ち帰って読み直してもらうために使う

兼用しようとすると…

スライデュメント
明確でない、情報が詰まり過ぎているなど、曖昧なつくりの資料になりがち

スライデュメント
スライドとドキュメントを合わせた造語。プレゼン時のスライドと配布資料を同じデータで使うこと。無駄な資料、望ましくないプレゼンとされています。ガー・レイノルズ氏が提唱した言葉。

エレベーター・ピッチ
1日に多数の投資案件を目にするプロの投資家たちに、自分の企画を30秒で的確に伝えて、資金獲得することを表している。米シリコンバレーが発祥。

10 内容がシンプルなつくりを目指そう！

Key word
見せる工夫
図式化

ビジネス資料は、皆が興味を持って読むわけではありません。「ひと言でいうと？」と言ってくる読み手に対し、じっくり説明しようとしても敬遠されるだけです。資料に目を向けた時点で「読んでみるか」と感じさせるには、シンプルな紙面がいいのです。

まずは情報を少なくしてみよう

　読み手を説得しようと意気込むと、どうしても多くの情報を盛り込みがちです。「多い」という絶対量に作り手の安心感が比例するからです。

　でも作り手の思いに反し、文章が少ないことは、概して読み手に好感を持たれます。制約が多いビジネスの場では、10行の文章を目で追うよりも、端的なキーワードが好まれるのは言うまでもないでしょう。資料作りでは、入れる安心より捨てる勇気のほうが大切なのです。

　そのためには、残すものと削るものを行き来しながら紙面作りに励まなくてはなりません。情報を選りすぐり脂肪を削ぎ落とした先に見えるのが、**シンプルな資料**です。伝わる資料、わかる資料は、総じてシンプルなつくりになっているものです。

シンプルだと簡潔でムダがない

　では、どうやってシンプルな紙面を作るのでしょうか？　一文の文字数を減らしたり、箇条書きに変えれば文章はシンプルになりますが、抽象的な表現になる恐れもあります。そうなったら適度な説明を加えるべきですが、せっかくスリムにした文章に肉付けしては逆戻りです。そこで、紙面を**見せる工夫**が必要になります。

　見せる工夫とは、情報を図式化（図解）することです。図解した紙面は、論理的に展開する情報を目で追うことができます。そのため、内容を整理しながら読み進められ、内容がパッと頭に入ってきます。

　図解を中心とした見せる工夫といっても、クリエィティブデザインをするわけではありません。「優先順位を付ける」「グループ化する」「視線を誘導する」など、基本にのっとったレイアウトをするだけのことです。

　読み手とって、多過ぎる情報は雑音です。雑音は主旨の理解を妨げ、思考を混乱させます。シンプルとは簡潔でムダがないこと。見た目がシンプルな紙面は、余分な情報がないためにメッセージが表出し、何を言いたいのかが「ひと目でわかる」ようになります。読み手に間違った判断をさせないために、シンプルな書き方とシンプルな見せ方を目指しましょう。

✕ 読みたくない資料

- 文字数が多い
- 過度な解説をしている
- 表現が重複している
- ポイントが散乱している
- 主旨が整理されていない
- ページ数が多い

> 説明が長いと読みたくない

> レイアウトの仕方にルールがない

シンプルな書き方
- 文字数を減らす
- 修飾語を外す
- 枝葉を捨てる
- 冗長な表現をやめる
- 一文一意

シンプルな見せ方
- 強調する
- グループ化する
- 視線を誘導する
- アイキャッチを入れる
- 余白を使う

◯ 読みたくなる資料

- 文字数が少ない
- 情報が図解されている
- メッセージがシンプル
- 情報に無理や無駄がない
- パッと頭に入ってくる
- ページ数が少ない

> 要点がひと目でわかる

> レイアウトにメリハリが効いている

column

相手にプレゼン資料を送ったら、
フォントが忽然と消えてしまったらしい!?

● **フォントを埋め込んで保存しよう**

　作った資料をメールに添付して、相手に見てもらうことは多々あります。企画書などの気合いの入った資料なら、美しいレイアウトにこだわり、気の利いたフォントを使うことでしょう。でも、作成したパワポのファイルを開くパソコンに使用したフォントがインストールされていなければ、せっかくこだわったフォントで表示されずに、MSゴシックやMS明朝といった汎用性のある基本フォントで代替表示されます。資料作成時と異なるパソコンで使うときは、**フォントを埋め込んで**渡すようにしましょう 操作 。

　埋め込んだフォントを使って文字などの編集をする場合は、下記の操作❹のときに［すべての文字を埋め込む］のボタンをオンにしてください。フォントを埋め込んで保存すると、通常よりもファイルサイズが大きくなります。また、「富士ポップ」のように、ライセンスに制限があって埋め込むことができないフォントもあります。

▼［PowerPointのオプション］ウィンドウでフォントを埋め込む

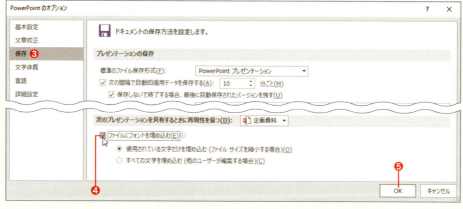

操作
ファイルにフォントを埋め込む

❶［ファイル］タブ→❷バックステージビューの［オプション］→❸［PowerPointのオプション］ウィンドウ左側の［保存］→❹「次のプレゼンテーションを共有するときに再現性を保つ」の［ファイルにフォントを埋め込む］のチェックをオン→❺［OK］ボタン

Part 3

画面に向かってモタモタしたくない。
それなら、入力前の作業環境を整えよう！

きれいな顔にするなら
事前のベースメイクが欠かせない。
そそくさと文字を入力する前に
操作しやすい画面を用意しておこう。

11 マニュアル通りでは美しくならない

Key word
テンプレート

「テンプレートを使いましょう」という言葉を信じ、見出しと5行程度からなるありきたりなプレゼンスライドを作ってしまう。その結果、「またこのデザインですね……」と聴衆から見透かされる。苦労してまとめたデータも、斬新なアイデアも色あせてしまいます。

テンプレートは使わなくていい

　皆さんは、パワポを起動して新しいファイルを作るときに、まっさらの状態から作り始めますか、それともあらかじめ用意されている「テンプレート」を選ぶでしょうか？

- 色気のないスライドでは寂しいから
- テンプレートを使って直したほうがラク
- 統一感のあるデザインに仕上がるから

　いろいろな理由でテンプレートを選ぶ人が多いことでしょう。確かに、素人には作れない背景や配色が施されています。
　でも、巷のプレゼン資料を見ると、テンプレートを使って作ったものはすぐにわかります。すると、スクリーンや画面に映し出されるデザインは、かなり見慣れたものになってしまいます。読み手や聴衆は、どうしても「またこのデザインか……」と感じてしまうのです。
　そこで、積極的に資料作りをしたいと考えている人には、白紙から作ることをおススメします。真っ白なキャンバスに自由に要素をレイアウトできますし、ページ内でのストーリーを自在に展開できます。作り込んだ1枚企画書に仕上げることができます。
　スライドを白紙の状態から作るには、パワポを起動するとき、または起動したあとで［新しいプレゼンテーション］を選択します。

» プレゼンに見せる要素は必要

　それでも、プレゼンに見せる要素は必要です。スライドに視線を誘導する演出は欠かせません。ビジュアルが足りないと感じる人は、「背景にテクスチャーを敷く」「図形で帯処理をして引き締める」「1つの写真をページごとに異なる構図で使う」といった簡単な方法を試してみましょう。見慣れたスライドとは違う景色が見つかります。本書のPart5以降で紹介するテクニックも、ぜひ参考にしてください。
　ビジネス資料は、いかにわかりやすくメッセージを伝えられるかがキモ。大げさで雰囲気だけを意識した、厚化粧スライドは敬遠されます。テンプレートは使わなくていいのです。

▼パワポ起動後に新しいファイルを作る

1 [ファイル]タブ　　2 [新規]をクリック

3 [新しいプレゼンテーション]を選択

▼パワポ起動時に新しいファイルを作る

[新しいプレゼンテーション]を選択

スライドマスターを無視しよう

　ページ資料を作るときは、「スライドマスターを使おう」とよく言われます。「**スライドマスター**」とは、背景や色、フォントやノンブルといった全体に共通する設定をするスライドのことです。スライドマスターの位置や書式を変更すれば、自動的にすべてのスライドにその内容が反映されます。

　［表示］タブの「マスター表示」にある［スライドマスター］をクリックすると、合計12個のスライドマスターが表示されます。すべてのスライドを一括変更したいときは、一番上のスライドマスターをクリックして、プレースホルダーの書式を変更するわけです。

　このようにスライドマスターは便利な仕掛けですが、不規則なレイアウトをしたい場合や、多くの情報要素を配置する紙面では、編集の自由度が低くなります。また、強制的に適用された書式を訂正するのが、面倒になる場合もあります。

　全スライドに共通する書式を設定する必要がない場合は、**スライドマスターは無視してもいい**のです。作業がよほど不効率にならない限り、無用な操作や設定をしないことも大切です。すべて、教科書通りに進める必要はありません

▼スライドマスターは、あえていじらなくてもいい

一番上のスライドマスターは、全スライドに影響を与える

二番目以下は、パワポが用意している11種類のスライドレイアウトに対応する各スライドマスター

12 編集画面はできるだけ広く使おう

Key word
プレースホルダー
ノートペイン

思考をレイアウトに結び付けるパワポの資料作りは、画面に向かってモタモタしていると作業リズムが狂ってしまいます。あらかじめ操作しやすいように編集画面をセッティングしておき、効率よく、しかも思考を妨げない操作をするようにしましょう。

■プレースホルダーは削除する

　新しいプレゼンテーションを作ったり、新しいスライドを挿入すると、「タイトルを入力」「テキストを入力」と書かれた点線の枠で囲まれた領域が表れます。これはタイトルや箇条書きを入れる部分で「**プレースホルダー**」といいます。

　プレースホルダーの中に文字を入力すると、自動的にタイトルが大きく表示されたり、箇条書きや枠からあふれる文章が小さく表示されたりします。これは、タイトルや箇条書き用の文字の書式があらかじめ設定されているため。この書式を管理しているのが、前述したスライドマスターというわけです。

　入力した文字がアウトラインで表示され、見出しや箇条書きの階層状態がチェックでき、スライドの構成やレイアウトのチェックに便利な機能です。

　一方で、資料作りに慣れてくると、

- まっさらなスライドで自由にフォントやサイズ、箇条書きの書式を決めたい
- 新しいスライドを作るたびに、スペースホルダーが出てくるのはうっとうしい

といった希望が出てくるもの。

　項目を列挙するだけの打ち合わせ資料や写真がメインの資料、1枚企画書では、プレースホルダーはさほど必要ありません。**プレースホルダーを削除して**自由にレイアウトするほうが、気持ちよく作業できます。

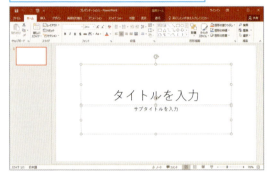

1 Ctrl + A キーでプレースホルダーを全選択

2 Delete キーで削除する

要素のコピペで同じページを作る

ページ資料の場合、1ページに作ったタイトルやページ番号、ロゴといった共通の情報要素は、1回の Ctrl + C キー（コピー）と Ctrl + V キー（貼り付け）の繰り返しで、2ページ以降の白紙スライドの同じ位置に、それらの要素を作成できます。
また、1ページのスライドを仕上げてからスライドをコピーすれば、要素のコピペ操作も不要になります。
スライドマスターやプレースホルダーを使わずに、要素のコピペで同じページを作ることができることも覚えておきましょう。

ノートペインを非表示にする

　スライドの編集中に、その内容に関連する情報を補足ネタとして入力したり、「必ず入れるキーワード」「論理を展開する筋書き」などの思考メモを書き留めておいたりと、「ノートペイン」はいろいろな使い方ができます。

　相手には見せずに自分だけが見えるようにして、プレゼン本番用のカンニングペーパーの画面として利用することもできます。

　その反面、画面の下段に表示されるノートペインは、編集エリアを狭めることにもなります。文字の入力と削除、図形の挿入やテキストボックスの位置合わせなど、さまざまな編集操作するときは、できるだけ編集画面を広くゆったりと使いたいことでしょう。

　それならば、潔くノートペインを非表示にしましょう。ノートペインの境界線にマウスポインタを合わせ、両矢印の形に変わったら下へドラッグします。これでノートペインが隠れ、編集エリアが広くなります。

▼ノートペインを隠して編集エリアを広くする

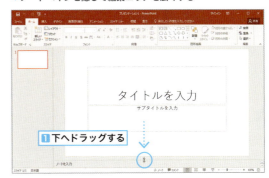

❶下へドラッグする

❷ノートペインが隠れる

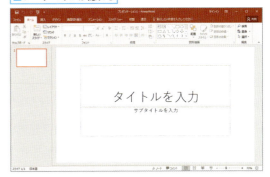

ノートペインの表示と非表示

パワポ2013/2016のノートペインは、標準で非表示の(隠れている)状態です。画面の最下部のステータスバーにある[ノート]ボタンをクリックするたびに、ノートペインの表示と非表示が切り替わります。パワポ2010は、本文のようにドラッグ操作で表示と非表示を切り替えます。

13 スライドのサイズを決める

Key word
スライドのサイズ

スライドのサイズは、使用する場面に合わせて決めるようにします。例えば、iPadやiPad miniを使って対面でプレゼンする場合は「4：3」、ハイビジョン対応のモニターやプロジェクターを使う場合は「16：9」のサイズになります。

▌基本は、「4：3」か「16：9」

何人かで作ったスライドを1つのファイルにまとめるのはパワポの便利な使い方です。でも、各自が勝手に設定したサイズのスライドを合体させると、写真や図形を配置したレイアウトが崩れることがあります。

また、1人で作業をする場合も同様です。「終わった！」と思って、最後にスライドのサイズを変更すると、テキストボックスの1行の文字数や、「SmartArt」の形状が変わってしまうことがあります。

スライドのサイズは初期値のまま使わず、必ず作業を始める前に設定するようにしましょう 操作1 。

» スライドサイズの選び方

スライドサイズの基本的な考え方は、以下の通りになります。

- タブレットなどで営業プレゼンする場合は、「標準（4：3）」
- スクリーンに映して会場でプレゼンする場合は、「ワイド画面（16：9）」

ただし、Android OSのタブレット端末やハイビジョンに対応しないプロジェクターに接続する場合はこの限りではありませんので、各機器に合わせたスライドサイズを選ぶようにしてください。

いまのパソコンはワイド画面が主流なので、パワポ2013/2016では「16：9」が初期設定になっています。ワイド画面のPCで「4：3」で作ったスライドをスライドショー表示すると、左右に黒い余白が出ます。気になる人は「16：9」のサイズに作り直しましょう（112ページを参照）。

また、標準でもワイド画面でもない比率は、ユーザー設定画面で「幅」と「高さ」の値を直接入力して設定しましょう（次ページを参照）。

▼該当するスライドサイズを選択する（パワポ2013/2016）

操作1

スライドサイズの設定

【パワポ2013/2016】
❶[デザイン]タブの「ユーザー設定」にある[スライドのサイズ]→❷リストから目的のサイズを選択

【パワポ2010】
❶[デザイン]タブの「ページ設定」にある[ページ設定]→❷[ページ設定]ダイアログボックスでサイズを選択

▼「16:9」のスライドは、大きく印象的に見せられる

▼リストにない比率は[スライドのサイズ]ダイアログボックスで指定する（パワポ2013/2016）

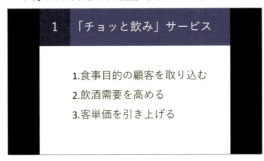

▼「4:3」のスライドをワイド画面に表示すると、黒い余白が出る

A4用紙ピッタリに印刷する

　パワポで作る資料の中には、印刷した紙でプレゼンや打ち合わせをすることもよくあります。資料を印刷して使うのがメインであれば、「A4」に設定しましょう。さほど余白が出ずにバランスよく印刷できます。

　さらに、どうしてもスライドをA4用紙にきれいに印刷したいときもあるでしょう。そんなときは、ユーザー設定画面で「幅」を[29.7cm]、「高さ」を[21cm]に設定してから作り始めましょう。上下に少しの余白を生まずに、画面のイメージをそのままA4用紙に印刷できます 操作2 。

操作2
A4用紙サイズに設定する
❶[デザイン]タブの「ユーザー設定」にある[スライドのサイズ]→❷[ユーザー設定のスライドのサイズ]（パワポ2010は[デザイン]タブの「ページ設定」にある[ページ設定]）→❸ダイアログボックスの「スライドのサイズ指定」で[ユーザー設定]を選択→❹「幅」で「29.7cm」を指定→❺「高さ」で「21cm」を指定→❻[OK]ボタン

▼ユーザー設定画面で「幅：29.7cm、高さ：21cm」に設定する

▼余白が生まれずに、A4用紙とピッタリ一致する

14 メッセージが伝わる色を見つけよう

色の3属性
配色

資料の中の色は、極めて重要な役割を担います。読み手が、スライドや紙面に使われている色から受ける心理的影響は大きく、色はメッセージそのものと言ってもいいでしょう。色の選び方ひとつでガラッと印象が変わり、内容の伝わり方も変わります。

■ 色のキホンを知っておこう

赤は情熱的で危険を感じる色、青は清涼感があり爽快さを感じる色といったように、色によってイメージと効果があります。この色が持つイメージを理解しておけば、どのような性質のデザインになるかが予測できます。

そして何より、色は人の感情に直接的に訴えますので、色自体で主旨を伝達したり想像を増幅させる働きがあります。例えば、顧客への提案書であれば、相手企業のコーポレートカラーでまとめたり、自社製品の告知資料なら、製品のキーカラーでデザインするのもいいでしょう。

色が持つ性質を理解した上で正しく使えば、説得力のある効果的なメッセージが作れるようになります。以下に、**色の3属性**と言われる「色相」「明度」「彩度」のほか、いくつかの覚えておきたい用語をまとめておきます。

色相	色の種類、いわゆる「色み」のこと。大きく暖色系、寒色系、中性色に分かれる。
明度	色の明暗のこと。 明度の一番高いのが白、低いのが黒、中間にさまざまな濃さのグレーがある。
彩度	色みの強さや弱さのこと。 青とスカイブルーでは、青が彩度が強く、スカイブルーが弱くなる。
色相環	色相に順序を付けて、その変化を円周上に配置したもの。色みが変化するさまがわかる。
コントラスト	色の対比のこと。コントラストを高くすると、明度差が生じて色の違いがはっきりする。
補色（反対色）	性質が最も異なる色で色相差が最大になる色。 隣同士に並べると互いに引き立て合って鮮やかに見える。
トーン	明度と彩度で作られる色の調子。 ビビッド（鮮やかな）やペール（淡い）、パステル（淡く明るい）など多くの分類がある。
グラデーション	色を段階的に変化させて動きを表現する方法。 配色が滑らかになってリズム感が生まれる。
RGB	コンピューターで色を表現する方法の1つ。 R（赤）・G（緑）・B（青）を組み合わせて色を作る。

配色パターンを活用しよう

　色の組み合わせとなる「配色」は、一見個人的なセンスで行われるように見えますが、実際はメッセージに合う適切な色を選択する重要な作業です。

　パワポで色を使うとなると、背景色や文字、図形の塗りつぶしや罫線など、あらゆる箇所が対象になります。そのすべてに意識を向けて「この色でいいか？」と考えるのは大変です。そこでパワポが用意している配色パターンを使ってみましょう。

　配色パターンは、ある色の組み合わせをセットとして用意しています。「暖かみのある青」「黄色がかったオレンジ」（パワポ2010は「アース」「エコロジー」）などの名前を付けたもので、スライドのデザインはそのままで色みだけを変更できます 操作

　配色パターンを選ぶと、文字の色や図形の塗りつぶし時に使う色パレットが選択した配色に変わり、この中から色を選べば、配色に統一感が出て色の選択ミスがなくなります。

操作
配色パターンの選択

【パワポ2013/2016】
❶［デザイン］タブの「バリエーション」にある ▼ をクリック→
❷［配色］をポイントしてパターンを選択

【パワポ2010】
❶［デザイン］タブの「テーマ」にある［配色］→❷配色パターンを選択

テーマと配色パターン
本来、デザイン処理された「テーマ」を使うと、配色パターンも自動的に決定されます。本書ではテーマを使わないことをおススメしていますので、本例のように配色パターンから好みのセット色を選んでください。

▼［色の設定］ダイアログボックスでは、RGBで指定色を作成できる。右にある縦型スライスバーでトーンが変更できる

▼［配色］には多彩な色のセットが用意されている

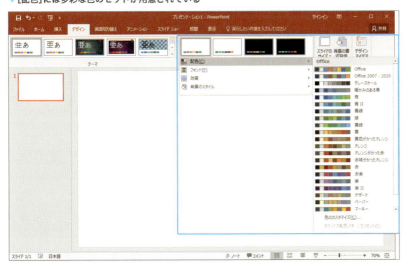

3点を意識して見やすい配色に

　配色の基本はレイアウトと同じで、「ごちゃごちゃしない」ことです。多くの色を使えば使うほど、煩雑で不快な印象になっていきます。色に意味を持たせて、無用な色、余分な色は使わないようにしましょう。

　色についての説明は、それこそ広く深くなってしまいますので詳細は他書に譲るとしましょう。資料作りにおいては、あまり神経質にならずに次の3点を意識して配色してみましょう。過剰過ぎないわかりやすい配色に仕上がるはずです。

- 使う色は3色までにする
- 同系色でまとめて濃淡で差を付ける
- 強調したい箇所にだけ濃い色を使う

　使用する色は、原則として3色までにしましょう。少ないように思うかもしれませんが、総じて色数を減らすと印象がよくなります。本文は黒かグレーにしておくと、落ち着いて読むことができます。

　そして、なるべく似た色を使うようにしましょう。色のテイストを合わせると、読み手が安心します。「似た色だと違いが出ない」と思う人は、むしろ濃淡で差を強調するようにしましょう。そのほうが全体の統一感が出て上品にまとまります。

　また、濃い色は存在感が増します。見出しやキーワードといった読み手の視線を誘導したい箇所や、文章のまとまりを意識させる箇所に使って読みやすくしましょう。

 色を使いすぎると読みにくくなってしまう

センスのない配色だ
きれいな写真だからと言って文字までカラフルにすると、まとまりのない配色になってしまう。雑多な色使いは厳禁だ。

 背景やレイアウトに合わせて色を使う

白文字と光彩で見やすくした例
背景の写真次第で文字が見えなくなることも。影や光彩、背景に図形を置いてしっかりと読めるようにする工夫が必要だ。

15 パワポが扱う情報要素を知っておこう

情報要素
版面

レイアウトとは、スライド（紙面）に情報を配置する作業です。図解や表は情報をコンパクトに伝え、グラフや画像は読み手の興味を引き付けます。情報をどのように配置すればわかりやすい紙面になり、正しくメッセージが伝わるかを意識して、それぞれの情報要素をレイアウトする必要があります。

■ 7つの情報要素を適切に扱おう

　具体的なレイアウト作業は、文章や図解をどれくらいの面積で配置するか、余白（ホワイトスペース）をどれくらい取るかといった、版面の扱い方になります。版面とは情報要素が入る範囲のことです。

　例えば、図解や写真を大きく扱う版面は、内容のイメージをいち早く伝えられますが、ビジュアルが強すぎて本文を読んでもらえなくなる可能性があります。

　一方、文章が多い版面は、根気ある読み手には歓迎されますが、窮屈さを感じる人には余白やビジュアルを入れる工夫が必要になります。

　どのように版面を扱い、レイアウトをするか？　この問いに対する決まった答えはありませんが、少なくとも「どうすればわかりやすく伝わるか」に対する効果的なアプローチはあります。

　以下に、パワポで扱う7つの情報要素と使用時の主なポイントをまとめました。また、Par4以降では、テーマに沿った作り方を解説していますので、そちらも参考にしてください。

情報要素	要素の内容	使用時の主なポイント
テキスト	文章、箇条書き、タイトル、見出しなど	❶投影スライドは32ポイント以上、読む資料は10.5ポイント以上を目安にする。 ❷見出しと本文、その他でフォントを統一する。 ❸箇条書きや段落の書式、字下げの有無を統一する。
図解	図式化した解説（図形や「SmartArt」）	❶図形の形、大きさ、距離、線の太さなどの意味を理解して使う。 ❷読み手の視線（流れ）を意識して配置する。 ❸適度な色を付けて見栄えをよくする。
表	表組み、エクセルのワークシート	❶見出し行に色を付けてアクセントを付ける。 ❷行数が多いときは縦罫線を外してみる。 ❸安定感を出すときは、行の高さと列幅を揃える。
グラフ	Graph、エクセルのグラフ	❶グラフの数値が精密である必要はない。 ❷目的と訴求度を考えて、図形追加や目盛変更で適度に加工する。 ❸グラフの挿入点数は1スライド1点とする。
画像	写真、イラストなど	❶不要な箇所に安易な理由で使用しない。 ❷適度なサイズに縮小して配置する。 ❸自作や自影した画像を効果的に活用する。
ビデオ	映像、動画	❶会場スピーカーとの接続を確認する。 ❷Webサイトの動画サイト等にリンクしてある場合は、ネット環境とファイルの有無を確認する。
オーディオ	音声	

16 秩序ある美しいレイアウトにしよう

Key word
グリッド線
ガイド

規則性のある美しい紙面にするレイアウト手法に「グリッドシステム」があります。グリッドシステムは、あらかじめ紙面全体を垂直・水平のグリッド（格子）で区切っておき、そのラインに沿ってレイアウトする方法です。

グリッドで規則性と安定感を出す

「**グリッドシステム**」を使うメリットは、各要素の位置がきっちりと揃うため、規則正しい安定感のある印象になることです。また、厄介なレイアウト作業が格段に容易になり、手早くある程度の美しい紙面に仕上げることができます。

グリッドラインは自由に設計してかまいません。情報要素はグリッドラインに沿って配置するだけです。文章の量や写真の大きさに合わせて、分割エリアを塗りつぶすように配置するのが基本的な使い方です。

▼グリッドの数は自由に設計してかまわない

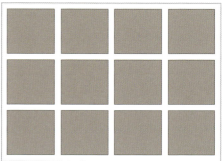

▼グリッドに沿っていろいろな要素を配置する

▼一部に余白を割り当てれば、バリエーションが増える

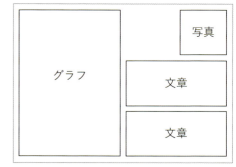

次ページで紹介するパワポのガイド機能を使ってグリッドラインを作ると、このようになります。

ラインに沿ってテキストボックスや写真、グラフといった情報要素を配置すれば、秩序ある美しいレイアウトが比較的簡単に作れます。

▼ガイドは自由に何本でも作ることができる

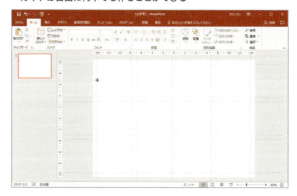

パワポでグリッドシステムを使う

パワポでは「**グリッド線**」や「**ガイド**」を使ってグリッドシステムが表現できます。［表示］タブの「表示」にある［グリッド線］や［ガイド］のチェックをオンにしてください。グリッドは等間隔で表示される縦横の点線、ガイドは最初に中央でクロス表示される縦と横の線です。これらは、スライドショーや印刷紙には表示されません。

グリッド線の間隔は、自分の好みに応じて設定できます 操作1 。標準で表示される点の数が多すぎる（細かすぎる）と感じたときは、初期値の「0.2cm」を「1cm」や「2cm」に変更して点の間隔を広げるといいでしょう。

また、テキストボックスや図形などを配置する際に、強制的にグリッド線にピッタリ合う（吸いつくような）設定にすることもできます 操作2 。要素同士が〝勝手に〟整列するため、位置合わせの微調整に悩まなくてすみます。

情報要素が揃うと、紙面に規則性とリズム、そして秩序が生まれ、読みやすい資料に近づいていきます。「これくらいいいや…」と言わずに、1つ1つ丁寧に揃えるようにしましょう。

▼グリッドとガイドを表示させる（1cmの場合）

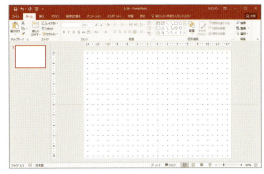

▼情報要素をきちんと整列しやすくなる

操作1
グリッド線の間隔を変更する

❶［表示］タブの「表示」の［グリッドの設定］ダイアログボックス起動ツール → ❷「間隔」の右側のボックスで数値を指定→❸［OK］ボタン

操作2
自動的にグリッド線に揃える

❶［表示］タブの「表示」の［グリッドの設定］ダイアログボックス起動ツール → ❷「位置合わせ」の［描画オブジェクトをグリッド線に合わせる］のチェックをオン→❸［OK］ボタン

▼グリッド線の間隔は自由に設定できる

ガイドの移動とコピー

ガイドはドラッグ操作で移動でき、Ctrl＋ドラッグでコピーできます。ドラッグ中に表示されるポップアップの数字は、中央からの距離(cm)です。不要なガイドはスライドの外にドラッグすれば消えます。

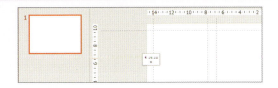

---------- column ----------

資料の全体構成をチェックするのは、スライドを1枚ずつめくるしかないの？

● スライド一覧で全体構成をチェックしよう

　ページ資料を作っているときは、どうしても1ページごとに文章や図版、ロジック展開のチェックに時間をかけがちです。確かに、言葉の言い回しや写真のトリミング、グラフの種類の選択など、作るべき要素と精査する作業はたくさんあります。

　でも、何ページにも渡る資料を作るとき、より大切になってくるのは全体の構成です。「ここでこれを言い、次のページであれを言おう」など、頭ではわかっていても、細部を作り込むうちに思考が整理できなくなることは、よくあることです。

　そんなときに「スライド一覧」が役に立ちます。［表示］タブの「プレゼンテーションの表示」にある［スライド一覧］をクリックすれば、すべてのスライドが内容のわかる大きさで表示されます。

　「ここで提案の根拠をもう少し膨らまそう！」と思ったら、右クリックで［新しいスライド］を選択できます。「このスライドは、後半に話したほうがいいだろう」と思ったら、ドラッグでサッと順番を入れ替えることができます。

　この機能はプレゼンターがもっと活用すべき機能です。

▼［スライド一覧］表示モードは、全体が見渡せるようになる

Part 4

文字をきちんと正しく伝えたい。
まずはテキストボックスを攻略しよう！

パワポのテキストボックスは
レイアウトへのはじめの一歩。
読みやすい文字、見やすい文字が
わかりやすい資料になっていく。

17 テキストボックスからスタートしよう

Key word
テキストボックス

文字のないビジネス資料はありません。文字は読むために並べるものですから、「読みやすさ」は必ず問われるスキルです。パワポで文字を入力することは、キストボックスを作ることと同じ作業です。文字をきちんと伝えるには、テキストボックスを正しく扱いましょう。

▍テキストボックスを作ってコピーする

資料作りの最初の具体的な作業は、「文字を入力すること」です。パワポを初めて使う人は「あれっ？」と思うかもしれませんが、ワードやエクセルとは違って、新規作成で開いたスライドに、直接文字を入力することはできません。

まずはテキストボックスを作り、その中に文字を入力するという手順が必要です 操作 。スライド内ではテキストボックスが文章であり、キーワードでありキャッチコピーです。

≫用途に応じて使い分ける

会場で投影するスライドのテキストボックスは大きな文字で大胆に見せ、読ませる紙面のそれは、流れを意識して視線を誘導するように配置します。自分が作る資料が最も効果的に伝わるように、自由な位置に好きな大きさでレイアウトしましょう。

とりあえず必要と思われるキーワードや文言をテキストボックスに一気に入力し、あとでじっくりと校正したり、主旨に合うように並び順を変えたりする使い方もいいでしょう。

1 テキストボックスを挿入する

2 そのまま文字を入力する

3 テキストボックス以外をクリックし、文字を確定する

操作
テキストボックスを挿入する

❶[挿入]タブの「テキスト」にある[テキストボックス]→❷マウスポインタの形が変わったら入力したい位置でクリック→❸そのまま文字を入力する（入力する文字数によってボックス枠が自動的に広がる）→❹入力が確定したら選択を解除する（何も入力しなければテキストボックスは消える）

≫ テキストボックスのコピー

　簡単に作れるテキストボックスですが、その都度新規作成し、文字サイズなどの書式を設定するのも芸がありません。おススメしたいのは**コピー**です。テキストボックスを選択し、Ctrlキーを押しながらドラッグまたはCtrl＋Dキーを押せば、書式も一緒に簡単にコピーできます。

　また、ワードやエクセル、「メモ帳」といたほかのソフトで作成した文章をコピーし、パワポのスライド上で貼り付ければ、テキストボックスが作成されます。この方法も、ぜひ覚えておきましょう。

▼Ctrlキー＋ドラッグで好きな位置へコピーする

▼Ctrl＋Dキーで右下にコピーされる

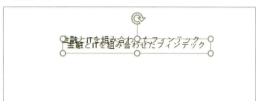

≫ 文字データのコピペ

　テキストボックスを作って、その中に文字データを貼り付けると、現在位置から右へ延びる1行のテキストボックスが作られます。このとき結構な文字数を貼り付けると、スライド外へ大きく飛び出してしまい、スライド内に収め直すのに苦労します。

　入力する文章がすでに用意されている場合は、ワードや「メモ帳」といった当該ソフトを起動して文章をコピーし、パワポのスライドにダイレクトに貼り付けてください。自動調整された文字数と行数のテキストボックスがスライドの中央に挿入され、常にスライド全体が見渡せるので、安心して編集ができます。

✕ テキストボックス内に貼り付けると、横に伸びてしまう

○ ダイレクトにコピペすると、中央にテキストボックスが作られる

　なお、テキストボックスの書式は、［テキストに合わせて図形のサイズを調整する］が標準設定です。

　［はみ出す場合だけ自動調整する］にすると、テキストボックスのサイズ変更に伴って文字サイズが変化してしまいます。一方、［自動調整なし］にすると、テキストボックスの大きさを無視して文章が入力され、ほかの情報要素と整列させると位置が揃いません。

　［テキストに合わせて…］の標準設定のまま使うことをおススメします。

▼テキストボックスの書式設定はここで行う

18 イメージに合ったフォントを選ぼう

Key word
フォント

フォントを選ぶということは、読みやすさを選ぶこと、わかりやすさを求めることです。内容に合った適切なフォントを選ばないと、思いと違う印象で伝わったり、誤読されることがあります。フォントの種類と特徴を理解して、説得力のある資料にしましょう。

游ゴシックやメイリオを使ってみよう

文字の種類である**フォント**を選ぶ作業は、とても重要です。表情が異なるフォントの特徴を理解し、最も効果的なものを使うようにすれば、わかりやすくメリハリの効いた資料に仕上がるからです。

従来から、会場でプレゼンするときは「ゴシック体を使おう」といった暗黙の了解みたいなものがありました。確かにシンプルで癖がないゴシック体は無難ですが、どうしても美しさに欠けます。

そこで、スライドの文字に視線を集めたり、文章を気持ちよく読ませるために、最近では字面が大きい「**游ゴシック**」や「**メイリオ**」などのフォントが使われるようになってきました。内容に合わせて最適なフォントを使うことで、イメージが膨らんで伝わる資料になります。

バージョン	標準設定フォント	フォントの選び方	前提となる考え方
パワポ2013以前	MSPゴシック	・太く目立つもの ・汎用性のあるもの	会場でのプレゼン ↓ 多様な資料作り
パワポ2016	游ゴシック	・見やすいもの ・内容に合ったもの	

 MSゴシックでも悪くはないが、ありきたりだ…

 メイリオを使うと明るく感じる！

冒険したくないからMSゴシック？
MSゴシックは見慣れたフォントではあるものの、美しさはイマイチ。しかも、太字にすると文字がつぶれて見える（疑似ボールド）。

文字そのものが読みやすい
本例のメイリオは1文字1文字がハッキリ見え、明るく読みやすい。太字にしても文字がつぶれずにメリハリが効く。

明朝体とゴシック体を使い分けよう

　游ゴシックやメイリオが読みやすい文字であっても、パワポやワード2013以前の標準フォントである「MS（P）ゴシック」や「MS明朝」を無視するわけにはいきません。これらは、汎用性や安心感で一日の長があります。

　均等な画線のゴシック体は、シンプルで目立つフォントですから、主に見出しやキーワード、図版のキャプションといった部分に使うといいでしょう。

　一方、明朝体は細く真面目な印象がありますので、多くの文章を読ませたいときに選ぶといいでしょう。ただし、どうしてもインパクトに欠けますので「文字サイズを大きくする」「大きな文字は字間を広くする」といった工夫をしましょう。

≫ 文字にメリハリを付ける

　文字は、読めなければ文字ではありません。文字の見やすさ、読みやすさ、意味の理解しやすさでフォントを選びましょう。最もオーソドックなメリハリの付け方は、

本文に「MS（P）明朝」、見出しに「MS（P）ゴシック」

を使うことです。読ませる部分に明朝体を使い、見せる部分にゴシック体を使うと、全体に強弱が付いて平坦な印象がなくなります。

　文字の少ないプレゼン用のスライドは、ゴシック体で緊張感やインパクトを出しましょう。そして、文章が多めの説明資料は、明朝体で疲れずに読みやすい紙面を作りましょう。見る文字と読む文字を上手に使い分けてください。

✗ 明朝体は読みやすいが、全部同じだとメリハリがない…

日本の世界遺産

世界遺産とは、地球の生成と人類の歴史によって生み出され、過去から現在へと引き継がれてきたかけがえのない宝物です。富士山や屋久島、富岡製糸場や原爆ドームなど、日本は文化遺産が15件、自然遺産が4件の合計19件の世界遺産が登録されています（2016年3月現在）。国土が狭い日本ですが、誇りを持って人類共通の遺産を後世に伝えていきましょう。

富士山　　　屋久島　　　原爆ドーム

全体に変化が感じられない…
MS明朝だけの紙面は、読むことに支障がなくても区切りやポイントがつかめない。見出しのサイズを変えても、印象は変わらない。

○ 見出しをゴシック体にすると、まとまりとメリハリが出る！

日本の世界遺産

世界遺産とは、地球の生成と人類の歴史によって生み出され、過去から現在へと引き継がれてきたかけがえのない宝物です。富士山や屋久島、富岡製糸場や原爆ドームなど、日本は文化遺産が15件、自然遺産が4件の合計19件の世界遺産が登録されています（2016年3月現在）。国土が狭い日本ですが、誇りを持って人類共通の遺産を後世に伝えていきましょう。

富士山　　　屋久島　　　原爆ドーム

同じゴシック体を混在させてもOK！
タイトルに同じファミリーフォント「HG（S/P）創英角ゴシックUB」などを使うと、統一感が出てメリハリも感じられるようになる。

英数字には欧文フォントを使おう

私たちが目にするビジネス資料には、「LINE」や「Facebook」、「IoT」や「GDP3%」といった英数字が含まれます。日頃何気なく使っていますが、よく見ると、和文と欧文では行内の文字の位置（高さ）が違うのがわかります。また、英数字の字間が狭かったり広すぎたりと、文章全体がアンバランスな印象になることがあります。

この原因のほとんどは、英数字に和文フォントを使っていることによるもの。これには、

日本語には和文フォント、英文には欧文フォントを使う

ことで、文章が美しく見えるようになります。

ただし、どんな欧文フォントでもいいわけではありません。使用する和文フォントと相性のよい欧文フォントを選んでください。游ゴシックや游明朝、メイリオは英文で使っても不自然な感じはありません。

基準例	組み合わせの例	
	和文フォント	欧文フォント
雰囲気が似ているものを使う	MS明朝	Garamond
	MSゴシック	Arial
サイズや太さが近いものを使う	MS明朝	Century
	MSゴシック	Segoe UI
	メイリオ	
	游明朝	Times New Roman

 相性が悪いフォントは、どうもしっくりこない…

LINEはiPhoneやAndroidやガラケーで使える

IoT時代をリードするSolutionを生み出そう！

金融とITを融合したFinTechが注目を浴びている

個人消費の獲得にはNetとRealの双方が必要だ

TPPでの日本の関税撤廃率は95％にすぎない

SPORTS GYMとSPAは癒しの空間だ

読みづらい組み合わせだ…
相性が悪いフォントを使うと、行内の日本語と英数字の文字位置が揃わない。凸凹になって文字のブツ切れ感が出るため、読みにくくなる。

 相性のよいフォントは、文章が読みやすくなる！

LINEはiPhoneやAndroidやガラケーで使える

IoT時代をリードするSolutionを生み出そう！

金融とITを融合したFinTechが注目を浴びている

個人消費の獲得にはNetとRealの双方が必要だ

TPPでの日本の関税撤廃率は95％にすぎない

SPORTS GYMとSPAは癒しの空間だ

自然にスッと読める！
書体の似ているフォントや大きさと太さが近いフォントを使うと、文字のガタツキがなくなってスムーズに読めるようになる。

LINEはiPhoneやAndroidやガラケーで使える　| MS明朝 / 英数字が不格好で読みづらい |

IoT時代をリードするSolutionを生み出そう！　| MSゴシック / 英数字が不格好で読みづらい |

金融とITを融合したFinTechが注目を浴びている　| MS明朝 & Tahoma / 英数字が大きく太く見える |

個人消費の獲得にはNetとRealの双方が必要だ　| MSゴシック&Calibri / 英数字が小さく凸凹が目立つ |

TPPでの日本の関税撤廃率は95％にすぎない　| メイリオ & Century / 英数字のほうが細く見える |

SPORTS GYMとSPAは癒しの空間だ　| 游明朝 & Arial / 英数字のほうが太く見える |

LINEはiPhoneやAndroidやガラケーで使える　| MS明朝 & Garamond / 雰囲気が似ている |

IoT時代をリードするSolutionを生み出そう！　| MSゴシック & Arial / 雰囲気が似ていて自然に見える |

金融とITを融合したFinTechが注目を浴びている　| MS明朝 & Century / 大きさと太さが揃う |

個人消費の獲得にはNetとRealの双方が必要だ　| MSゴシック & Segoe UI / 大きさが等しく見える |

TPPでの日本の関税撤廃率は95％にすぎない　| メイリオ & Segoe UI / 太さのバランスが揃う |

SPORTS GYMとSPAは癒しの空間だ　| 游明朝 & Times New Roman / 太さのバランスが揃う |

19 使う文字サイズも決めておこう

Keyword
文字サイズ

使う文字サイズは、大きいものが目立つわけではありません。強調したいキーワードを大きくしても、ほかの本文と同じサイズでは目立たず、差異がなければメリハリも出ません。配置した情報要素の役割と優先順位を考えて文字サイズを決めましょう。

最適な文字サイズはどれくらい？

資料を作るときに悩むのが文字サイズです。「スライドは○○ポイント以上にしましょう」という意見を見かけますが、鵜呑みにしてはいけません。最適な文字サイズは、**資料の内容と見せ方で変わるもの**です。

文字サイズを大きくすれば、見やすくなるのは当然。一方で入れられる情報が減ることになりますので、1行の文字数を減らしたり、箇条書きの項目数を減らす工夫が必要になります。現実的には資料を表示するスクリーンやモニターを考慮し、スライドの見やすさと情報のわかりやすさで文字サイズを決めることになります。

広いホールや会議室の場合、遠くからプレゼンが閲覧できるように30ポイント以上は必要でしょう。数十人程度が収まる会社の会議室であれば、文字を多めに入れて24ポイントくらいが目安です。印刷資料で説明する場合には、普段のオフィス資料として10ポイント程度でも問題ないでしょう。

いずれの場合でも、書く内容を厳選して文章を少なくするのが基本です。読むよりわかる資料を目指しましょう。

 まったく面白みがなく見逃されてしまいそう…

営業部の問題点
1. 3Q連続で営業利益のマイナスが続く。
2. 異業種からの市場参入が目立つ。
3. 顧客の意見を聞いていない。
4. 積極的な提案営業が欠けている。
5. トレンドをつかむアンテナが張られていない。
6. 自社のSWOTを理解していない。
7. 新規顧客を開拓する努力が乏しい。

どっちつかずの曖昧な1枚
スライドとしては文字が小さ過ぎ、聴衆の興味を引き出せない。印刷資料としてはスカスカ感が漂い、物足りなさを感じてしまう。

 文字サイズを上げただけでは何の解決策にもならない

営業部の問題点
1. 3Q連続で営業利益のマイナスが続く。
2. 異業種からの市場参入が目立つ。
3. 顧客の意見を聞いていない。
4. 積極的な提案営業が欠けている。
5. トレンドをつかむアンテナが張られていない。
6. 自社のSWOTを理解していない。
7. 新規顧客を開拓する努力が乏しい。

文字の大きさにこだわってはダメ
タイトルを66ポイント、箇条書きを32ポイントに変更した。余白が減って圧迫感が出てしまい、決して見やすくなったとは思えない。

○ タイトルをしっかり目立たせ、箇条書きを減らした！　　○ 60ポイントの一文と写真でインパクトを出した！

黄金比率と背景色でメリハリが出た
伝えたいことを短くして3つに絞ったので、余白が生まれて文字が目立つようになった。すべて44ポイントの文字だがメリハリが感じられる。

意味が伝わってくる
内容を代弁する写真を使いインパクトを出した。1つのキャッチコピーと印象的なビジュアルが、メッセージを一瞬で伝えてくれる。

文字サイズと情報量の関係

　文字サイズは、1ページ当たりに入れる情報量とのバランスで決まります。スライドの場合は、視線を向けたときに**ひと目で理解できる**程度の量が妥当です。

　一方、印刷資料の場合は読むことを意識していますので、スライドより小さい文字、多くの情報を入れてもいいでしょう。

　また、1つのスライドで使用する文字サイズは、3つ程度が妥当です。一概には言えませんが、スライドの本文は24ポイント以上、印刷資料の本文は10ポイント以上を目安にしてみましょう。

最適な文字サイズ 8pt
最適な文字サイズ 9pt
最適な文字サイズ 10pt　　　印刷資料の本文の目安
最適な文字サイズ 10.5pt
最適な文字サイズ 11pt
最適な文字サイズ 12pt
最適な文字サイズ 14pt
最適な文字サイズ 16pt
最適な文字サイズ 18pt
最適な文字サイズ 20pt
最適な文字サイズ 24pt　　　スライドの本文の目安
最適な文字サイズ 28pt
最適な文字サイズ 32pt
最適な文字サイズ 36pt
最適な文字サイズ 40pt

20 文章は「かたまり」でとらえよう

Key word
強制改行

文字が認識できて文章が読めることは、読み手を味方に引き込む第一歩です。よく練られた文章であっても、1行が長いと目で追うのが辛くなり、まとまるべき言葉が次行に分かれると理解力が下がります。読み手のことを考えれば、文字の見せ方に工夫が欠かせません。

▮ 長い文章とブツ切り改行はNG

「文字を入力した」「言い回しをチェックした」「説明したいポイントもずれていない」いずれも大事なことですが、これだけで読みやすい資料にはなりません。よくあるのが、何行にも及ぶ文章を読ませようとすることと、行末から次行への読み継ぎの悪さの2点です。

≫ 何行にも及ぶ文章の場合

ビジネス資料は、出来るだけ短い言葉や箇条書きで読ませるに越したことはありませんが、文章で説明したいこともあります。このようなときは、**内容に合わせて2つ以上のテキストボックスに分けましょう**。それぞれに見出しを付けて左右に並べるだけで、圧迫感がなくなりスッキリします。

この方法のメリットは、余白が作られることです。2つのテキストボックスの間に生じる余白が多少のゆとりを感じさせ、読みたくなる雰囲気を漂わせます。テキストボックスは上下に配置したり、3つ以上に分けてもいいでしょう。

 長く連なる文章は、読むのも理解するのもしんどい

 全体を伝える文章と、各論を説明する箇条書きの2つのかたまりに分けた

≫ 読み継ぎが悪い文章の場合

　文章は単語が切り離されたり、1文字だけ次行に送られてしまうと、読みにくく誤読も生じます。文章が行末に届かなくてもかまわないので、Shift + Enter キーを押し、息継ぎしやすい位置で**強制改行しておきましょう。**

　具体的には、読点やカッコなどの文章が一旦途切れる位置で改行します。また、言い回しを変える、読点やカッコを中心に文字間を詰める、テキストボックスを大きくするなど、改行のない1行にまとめることを優先してもいいでしょう。

　いずれの場合でも、主旨を2つ以上の「かたまり」にまとめ直したり、特に箇条書きは言葉を「かたまり」でとらえて改行するようにすると、読みやすい文章になっていきます。

 行末が両端揃えになっていても、単語が切り離されていて読みにくい

1. 優良顧客の重点アプローチ
   ① R（最新購買日）とM（購入金額）が高い顧客には、ブランド品中心のセールを開催する。
   ② Rが高くF（購買頻度）が低い顧客には、挨拶DMをメインとしたアプローチを行う。
   ③ Mが高くFが低い「ご無沙汰客」には、オンリーワン作戦で早急な来店を促す。
2. 特別な客を意識した施策
   ① 購買単価の高い顧客には、特別なお客様を強調し、ポイント還元で対応する。
   ② 「もう一着」購入していただくための新作およびローコストウェアを陳列する。
3. 新規客の来店を促す具体策
   ① 朝夕1回ずつ店頭ディスプレイをチェンジする。
   ② 週ごとにPOPを作り替えてリフレッシュ感を出す。
   ③ 通りから店内が見えるように入口部を見直す。

言葉としてあるべきかたまりが分かれてしまうと、読みにくいだけでなく情報の不安定さが生じる。

 強制改行で単語のブツ切りを直せば、スッと読める文章になる

1. 優良顧客の重点アプローチ
   ① R（最新購買日）とM（購入金額）が高い顧客には、ブランド品中心のセールを開催する。
   ② Rが高くF（購買頻度）が低い顧客には、挨拶DMをメインとしたアプローチを行う。
   ③ Mが高くFが低い「ご無沙汰客」には、オンリーワン作戦で早急な来店を促す。
2. 特別な客を意識した施策
   ① 購買単価の高い顧客には、特別なお客様を強調し、ポイント還元で対応する。
   ② 「もう一着」購入していただくための新作およびローコストウェアを陳列する。
3. 新規客の来店を促す具体策
   ① 朝夕1回ずつ店頭ディスプレイをチェンジする。
   ② 週ごとにPOPを作り替えてリフレッシュ感を出す。
   ③ 通りから店内が見えるように入口部を見直す。

かたまりとしてあるべき言葉にしておけば、情報の正確さや信頼性が自然と感じられるようになる。

21 段落を意識させてまとまり感を出す

Key word
段落内改行

文章であっても箇条書きであっても、段落というかたまりが文字情報の基本です。文字数と行数に関わらず、窮屈に見えたり間延びして見えたりするのは、段落を上手く扱っていないからです。文章にまとまり感や整理感を出すには、段落を意識してレイアウトしてください。

段落を美しくすると見やすくなる

仕事で使う文章は、文字量を抑えた**段落**で構成される紙面が中心です。段落とは、区切りを付けた文章のかたまりのこと。パワポやワードでは、文字を入力し始めて Enter キーが押されるまでが1つの段落になります。

段落を美しくすると、文章が読みやすくなり資料全体が見やすくなります。複数の段落がある場合は平坦に見えないように、まとまりを持たせて次の段落との違いをハッキリさせるといいでしょう。

Enter キーで1行空けると、広がり過ぎで締まりがなくなりますので、段落前か段落後の空きを数値で指定しておくといいでしょう 操作 。段落間の空きが規則正しくなり、文章のまとまりが明確になります。

操作
段落間の空きを変更する
❶テキストボックスまたは文章を選択→❷[ホーム]タブの「段落」にある[段落]ダイアログボックス起動ツール →❸[インデントと行間隔]タブ→❹「間隔」の「段落前(「段落後」)ボックスで数値を指定→❺[OK]ボタン

≫ 箇条書きの場合

また、行頭に●や①などが付いた箇条書きも、1行1行が段落です。箇条書きの説明文を次行に作る際、行頭文字や段落記号を付けずに、前行と同じ先頭の文字位置に揃えたい場合を考えてみましょう。

何も考えずに行末で Enter キーを押すと、新たな段落の箇条書きが作られてしまいます。このようなときは、行末で Shift + Enter キーを押して、段落を変えずに改行しましょう。見た目は改行されていますが、見出しとそれに続く本文は1つの段落として扱われます。これを「**段落内改行**」などといいます。

✗ 段落間を1行空けてみたが、どうもしっくりこない…

社内インターンシップ制導入の提案

現在は大卒の30％、高卒の50％が3年以内に離職しています。強い成果主義や社員を「育てる」環境の希薄、そして本人の仕事への洞察力の甘さがこのような結果をもたらしています。期待した人材が離れていくことは、企業にとって財産の損失であり、士気の低下につながります。離職率を下げる対策は、いまや企業にとって急務です。

学生が会社を体験する制度にインターンシップがあります。これは、学生が一定期間企業の中で研修生として働くことで、会社や仕事を体験する制度です。インターンシップを社内の若手社員に適用し、就業の理想と現実のギャップを埋める手助けをする「社内インターンシップ制度」の導入を提案します。同制度は、会社が社員に対して広く職種選択の門戸を開放することで、社員は自らのキャリア形成が行えます。社員の希望に沿った部署異動が実現すれば、組織の士気向上と社員の能力開発につながります。

Enter キーで1行空けた
段落間を Enter キーで空けた。簡単なのでやっている人は多いはず。でも空きが目立ってしまい美しくない。

○ 段落後を「12pt」に指定したらイイ感じになった！

社内インターンシップ制導入の提案

現在は大卒の30％、高卒の50％が3年以内に離職しています。強い成果主義や社員を「育てる」環境の希薄、そして本人の仕事への洞察力の甘さがこのような結果をもたらしています。期待した人材が離れていくことは、企業にとって財産の損失であり、士気の低下につながります。離職率を下げる対策は、いまや企業にとって急務です。

学生が会社を体験する制度にインターンシップがあります。これは、学生が一定期間企業の中で研修生として働くことで、会社や仕事を体験する制度です。インターンシップを社内の若手社員に適用し、就業の理想と現実のギャップを埋める手助けをする「社内インターンシップ制度」の導入を提案します。同制度は、会社が社員に対して広く職種選択の門戸を開放することで、社員は自らのキャリア形成が行えます。社員の希望に沿った部署異動が実現すれば、組織の士気向上と社員の能力開発につながります。

段落の違いがわかるようになった
20ポイントの本文に対し、「段落後」の間隔を[12pt]に変更した。自然な印象で段落の違いがわかるようになった。

✗ 箇条書きでの段落作りは注意が必要だ

国家戦略特区の取り組み例

1. 東京圏
2. ドローンの宅配や民泊営業といった新しいビジネスの環境づくり
3. 関西圏
4. 民泊や家事支援外国人の受け入れ
5. 福岡市・北九州市
6. 介護ロボットの導入促進、ベンチャー企業の支援など

Enter キーを押すたびに段落が作られては大変だ
箇条書きでは、Enter キーを押すたびに新しい段落が作られてしまう。階層関係が崩れないように、操作を理解しておきたいところだ。

○ Shift + Enter キーで段落内改行すると美しくなる！

国家戦略特区の取り組み例

1. 東京圏 Shift + Enter
   ドローンの宅配や民泊営業といった新しいビジネスの環境づくり Enter
2. 関西圏 Shift + Enter
   民泊や家事支援外国人の受け入れ Enter
3. 福岡市・北九州市 Shift + Enter
   介護ロボットの導入促進、Shift + Enter ベンチャー企業の支援など

情報の階層関係が維持される
Shift + Enter キーを使えば、次行にまたがるが1つの段落として扱える。したがって新しい段落番号は作られない。

22 読みやすい行間と字間を見つけよう

Key word
行間
字間

文字間と行間のバランスが整っていると、スムーズに文字を追いかけられるため文章が読みやすくなります。逆に言えば、文字間と行間をコントロールして紙面の印象を表現することができます。間隔を狭くすると緊張が生まれ、広げるとゆとりが出ます。

行間は詰め過ぎず広げ過ぎず

　文章を読むという行為は、行を目で追い続ける動作です。行間が適度に空いていると読みやすく感じ、内容が理解しやすくなります。一般に行間を狭くすると、段落としてのまとまりが出ますが読みにくくなり、広げると文字はハッキリするものの間延びしてしまいます。

　パワポやワードの**行間**とは、「前の行の文字の上部」から「次の行の文字の上部」までの距離のこと。つまり、「文字の大きさ＋前行と次行の空き」が行間です。例えば、文字サイズが11ポイントのとき、行間を11ポイントに設定すると、前行と次行がピッタリと重なります。

　パワポの標準設定では、少し行間が狭く感じます。総じて、行間は1文字分の高さより少し狭いくらいの値、具体的には使用している文字サイズの**2〜6ポイント大きい値**を設定すると、美しく見えます 操作 。

　最適な行間は、1行の文字数と行数、フォントと文字サイズが関係してきます。何度か設定を試して、読みやすさを確保しつつ美しく感じる行間を見つけてください。

 文字サイズが大きくても窮屈で読みにくい…　　　 **行間を広げると読みやすくなる！**

> **採用ミスマッチを防げ!**
>
> **長期インターンへ産学タッグ。**
> **大学1年から就業体験!**
>
> 製造業やサービス、金融など大手企業と大学・高専が連携し、長期インターンシップ（就業体験）の普及に向けた取り組みを始める。大学1〜2年生に1ヵ月以上、オフィスや研究所で働いてもらう。学生が仕事の実体験を通じ、職業観を養い職業選択の基準となることを狙う。
>
> 戦後の日本企業は、学卒の労働力を社内で教育する前提で一括採用してきた。近年はグローバル競争を勝ち抜くために、学生のうちから職業意識を持つ人材育成が必要と考える企業が増えている。企業としては自社や業界を知ってもらい、就職活動時のミスマッチを防ぐ効果が期待できる。

> **採用ミスマッチを防げ!**
>
> **長期インターンへ産学タッグ。**
> **大学1年から就業体験!**
>
> 製造業やサービス、金融など大手企業と大学・高専が連携し、長期インターンシップ（就業体験）の普及に向けた取り組みを始める。大学1〜2年生に1ヵ月以上、オフィスや研究所で働いてもらう。学生が仕事の実体験を通じ、職業観を養い職業選択の基準となることを狙う。
>
> 戦後の日本企業は、学卒の労働力を社内で教育する前提で一括採用してきた。近年はグローバル競争を勝ち抜くために、学生のうちから職業意識を持つ人材育成が必要と考える企業が増えている。企業としては自社や業界を知ってもらい、就職活動時のミスマッチを防ぐ効果が期待できる。

窮屈だと「読みたくない」
24ポイントで10行の文章は、漢字が多いこともあり窮屈で読みにくい。パワポの行送りの標準は、行間が狭いことがわかる。

イイ感じの行間になる
行間を[固定値]の[30pt]に変更した。行間は少しの差でも、受ける印象は大きく違ってくる。なお、段落後の間隔も12ptに設定し直した。

操作
行間を変更する

❶文字サイズを確認してテキストボックスを選択→❷［ホーム］タブの「段落」にある［段落］ダイアログボックス起動ツール→❸［インデントと行間隔］タブ→❹「間隔」の「行間」ボックスで［固定値］を選択→❺右側のボックスで本文より2〜6ポイント大きな数値を指定→❻［OK］ボタン

読みやすい字間を見つけよう

　文字と文字の間隔を字間といいます。どれくらいの字間にするかによって、思いのほか全体の印象が変わります。字間を詰めると緊張感が生まれて動的な印象になり、逆に広げると余裕や安心感、おおらかさが出ます。

　パワポの字間は、標準で設定されている状態で使えばいいでしょう。ただし、文字サイズが大きいタイトルや見出し、表内の文字といった箇所の字間を広げると、読みやすさがワンランクアップします。

　また、どうしても末尾1、2文字が1行に収まらない場合は、文章全体の字間を詰めてもいいですし、カタカナだけを詰めるような微調整も試してみましょう。

　字間を変更するときは、［ホーム］タブの「フォント」にある［文字の間隔］をクリックし、［より狭く］［狭く］［標準］［広く］［より広く］の5つの間隔から選んでください。もっと細かく設定したいときは、［フォント］ダイアログボックスの［文字幅と間隔］タブで設定しましょう。

 大きなタイトルが間延びして見える…　　　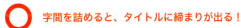 字間を詰めると、タイトルに締まりが出る！

まったく字間を調整していない
フォントの字間をまったく変更していない。本文は気にならないが、上部の2つのタイトルは、もう少し字間を詰めてもいい気がする。

2つのタイトルにメリハリが出た！
1行目のタイトルの字間を［より狭く］、読点（、）を32ポイントに変更。2行目は「キャンペーン」だけ字間を［より狭く］にした。

23 読み手の視線の動きを考えよう

Key word
Z型
視線の誘導

どの方向へ読んでいけばいいのか？　情報要素が多い紙面になると、こんなレイアウトの資料に出会うこともあります。視線が自然に流れるように要素を置きましょう。基本はZ型に配置しますが、見せ方によっては、矢印図形などで読む順番を誘導させましょう。

Z型で自然な流れを作ろう

複数の情報を1ページにレイアウトする場合は、いかに見やすく配置することが重要になります。横書きの紙面の場合は、「左から右へ」「上から下へ」と読ませるのが基本です。いわゆる**Z型の視線の動き**になります。

通常、真っ先に読み手の目線に入るのが左上です。この左上にタイトルや見出し、写真などを置いて関心を持たせ、中央部分の最も伝えたい本題へ誘導し、まとめや補足情報がある右下で終わらせる。このように視線の動きを想定しつつ、「どのような情報を」「どのように理解してもらうか」を考えながら、レイアウトを進めましょう。

多くの情報要素を扱う1枚企画書などは、慣れないとレイアウトが混乱しがちです。始めは、箇条書きにしたテキストボックスをざっくりと配置し、事前に書き留めたあらすじを見ながら入れ替えとブラッシュアップを繰り返して、紙面上の流れを作っていくといいでしょう。

レイアウトは一朝一夕に上手くなれませんので、雑誌や広告をお手本にするといいでしょう。

✕ 右に読むのか左に読むのか、まったくわからない…

展開がどうなっているの？
次にどちらの文章を読んでいいかがわからない。読み手自身が流れを意識しなくてはいけないので、ストレスがかかり理解を妨げる。

○ Z型レイアウトで主旨の流れがひと目でわかる！

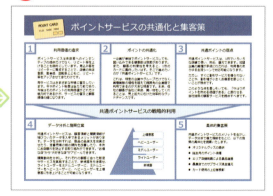

番号付きで読む順番が一目瞭然！
ブロックを組み合わせた1枚企画書。各ブロックに番号を付け、Z型に配置してあるため、視線が自然に動く。図解が理解を深めてくれる。

情報に役割を持たせよう

　Z型にレイアウトするのが自然だとしても、内容のつじつまが合わないと読み手は理解できません。次へ次へと気持ちよく読んでもらうためには、紙面のどの位置にどんな情報を配置すればいいかを考える必要があります。

　それには、掲載する情報に役割を持たせましょう。基本的な考え方は次の3点です。

- **関係のある情報や似た情報は近くに配置し、そうでない情報は離して配置する**
- **強調したい情報を大きく見せ、そうでない情報を標準以下にする**
- **重要度の高い情報は目立つ場所に置き、そうでない情報は控えめな場所に置く**

　人は同じ大きさや色、意味合いが近い図形、隣り合う情報、矢印の指す方向を目で追いかけます。この性質を利用して、文字サイズを大きくしたり、写真を大きくしたり、情報同士の位置や間隔を揃えましょう。優先順位と強弱に注意して情報を配置していけば、自ずと視線の流れができていきます。

　なお、制作途中ではテキストボックスの内容によって塗りつぶしで色分けしておくと、考えが整理しやすくなります。レイアウトが整った時点で塗りつぶしの色を外し、装飾作業は最後にまとめて行いましょう。

▼まずは関係性のある情報を近くに置いて全体を割り振る

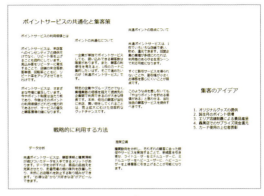

▼次に強調する情報を大きくし、似た情報を同じ色で塗りつぶす

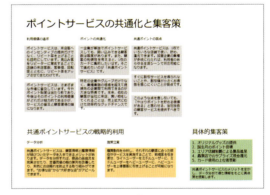

▼最後に説明に矛盾がないかを吟味し、レイアウトを仕上げる

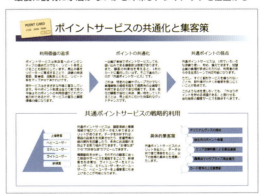

24 読みやすい見出しを作ろう

Key word
見出し
リズム感

資料に視線を落としたときに、スッと読み始められるかどうかで読み手の印象は決まります。見出しがあると、まずそこに目が行きます。悪ノリしない程度の見出しを作っておけば、読み手の気持ちをくすぐって、「読んでみよう」という気持ちにさせます。

強弱でリズムを作る

資料に見出しがあるかないかで、読みやすさは大きく変わります。見出しがあると文章にリズムが生まれ、文章の構造がはっきりしますので、読み手は見出しにサッと目を通して全体をつかんだり、読み切る目安として利用したりできます。

効果的な見出しを作るには、「フォントを変える」「太字を使う」「色を付ける」「文字サイズを大きくする」「図形と組み合わせて装飾する」といった方法があります。

いずれも方法でもかまいませんが、考え方の基本は**強弱を付ける**ことです。本文との違いを出すだけで相対的に見出しは目立ちますので、ゴテゴテした装飾は避けるほうがいいでしょう。

- 控えめなデザインなのに、適度に目立つ
- 端的な文言なのに、文意がイメージできる

このような読みやすさに配慮された見出しであれば、自然と読み手の興味をそそり、文章へと引き込むことができます。本文と強弱を付けてリズムのある紙面を作ってください。

▼本文と同じでは見出しにならない

メニューを刷新
来年4月からグリルを強化した新メニューに切り替えます。割安感を打ち出し価格に敏感な若者の来店を促し、「糖質ゼロ」の料理を導入して健康面にも配慮します。

▼「・」（中黒）は目立たない上に凸凹になる

・メニューを刷新
来年4月からグリルを強化した新メニューに切り替えます。割安感を打ち出し価格に敏感な若者の来店を促し、「糖質ゼロ」の料理を導入して健康面にも配慮します。

▼下線を引いてもうるさいだけで読みにくくなる

メニューを刷新
来年4月からグリルを強化した新メニューに切り替えます。割安感を打ち出し価格に敏感な若者の来店を促し、「糖質ゼロ」の料理を導入して健康面にも配慮します。

▼太字にするだけで一気にメリハリが付く

メニューを刷新
来年4月からグリルを強化した新メニューに切り替えます。割安感を打ち出し価格に敏感な若者の来店を促し、「糖質ゼロ」の料理を導入して健康面にも配慮します。

▼文字に色を付けてサイズを大きくしてもいい

メニューを刷新
来年4月からグリルを強化した新メニューに切り替えます。割安感を打ち出し価格に敏感な若者の来店を促し、「糖質ゼロ」の料理を導入して健康面にも配慮します。

▼色ベタ図形に白抜き文字でセンスアップする

メニューを刷新
来年4月からグリルを強化した新メニューに切り替えます。割安感を打ち出し価格に敏感な若者の来店を促し、「糖質ゼロ」の料理を導入して健康面にも配慮します。

▼目次スライドは、次の展開がわかるようにする

1. 驚きあふれる料理
2. また行きたくなる雰囲気
3. 豊富なメニュー
4. 満足感ある価格設定

▼ほかの見出しを薄い色にすると、相対的な強さが出る

1　驚きあふれる料理　Surprise
2　また行きたくなる雰囲気　Repeat
3　豊富なメニュー　Rich
4　満足感ある価格設定　Satisfaction

column

「以前作ったあのデータが使えそうだ〜！」
それなら、以前のスライドを流用しちゃえば？

●既存のスライドを挿入しよう

　現在編集しているファイルに、以前作成したスライドの一部または全ページを挿入することができます。既存のスライドをそのまま流用すれば、イチから作る時間が省けます。一部だけ使いたいなら、とりあえず挿入して必要な要素だけを残したり、オリジナルに加工し直したりと自由な使い方が可能です。

　既存のスライドを流用すると、配色などは現在のファイルの書式が適用されます。以前の書式をそのまま使いたい場合は、下記の操作❻で［スライドの再利用］ウィンドウの下にある［元の書式を保持する］のチェックをオンにしてください 操作 。

▼流用したいスライドをクリックする

操作

既存のスライドを挿入する

❶左側のスライドで追加したい位置の前にあるスライドをクリック→❷［ホーム］タブの「スライド」にある［新しいスライド］の ▼ をクリック→❸［スライドの再利用］を選択→❹［スライドの再利用］ウィンドウが開いたら［PowerPointファイルを開く］をクリック（［参照］の ▼ をクリックして［ファイルの参照］を選択してもいい）→❺［参照］ダイアログボックスでファイルを選び、［開く］をクリック→❻選択したファイルのスライドのサムネイルが表示される→❼流用したいスライドをクリック

▼既存のスライドが挿入される

Part 5

情報を手際よく片づけたい。
上手にまとめてメッセージを伝えよう！

情報をどうまとめるかの問いに
決まった答えなんてない。
作成する資料の内容に合わせて、
パワポの機能をチョイスしよう。

25 要素を揃えて賢く見せよう

Key word
規則性

紙面の情報要素が揃っていると、「内容が信頼できる」「読みやすい」「わかりやすい」「作った人が頭よさそう」といいことばかり。こんなにメリットが多いのであれば、揃えないわけにはいきません。秩序あるレイアウトからは、作り手の意図が感じられるのです。

◼ 整列に規則性を持たせる

　規則正しく整列しているものを見ると、「美しい」「キレイ」「賢そう」と感じます。見やすいレイアウトの基本もまた、情報要素同士を揃えることにあります。レイアウトにルールを設け、規則性を持たせるのがポイントです。

　まず「**何を揃えるか**」。揃える情報要素はたくさんありますが、関連性の高いもの同士を揃えましょう。見出しと本文、写真とキャプションなど「まとまり」で扱う情報、見出しと見出し、解説文と解説文といった「同じレベルのもの」を揃えてください。このとき、要素間の距離（空きや間隔）を揃えることも大切です。

　次に「**どこで揃えるか**」。何の脈略もなしに揃えるわけにはいきません。基本は左揃え、右揃え、中央揃えの3つ。読みやすさとわかりやすさを考えて最適な場所で揃えるようにしましょう。

　最後に「**どうやって揃えるか**」。これには**仮想線**が役立ちます。仮想線とは縦や横に伸びる一本の仮の線を想定し、その線上に情報要素を並べるテクニックです。パワポ2013以降は、要素をドラッグすると「**スマートガイド**」が表示されるので、これに沿って整列させましょう。

操作

図形同士を整列させる

❶整列させたい要素を選択→❷「描画ツール」の[書式]タブにある「配置」の[配置]→❸[左揃え]や[左右中央揃え]などを選択

▼スマートガイドを見て、ほかの要素との距離や配置をチェックする

スマートガイド

スマートガイドは図形などを移動させる際に、近くの図形などの上下や左右の端にピッタリ合ったときや、距離が同じ位置にあるときに表示される点線のガイドライン。位置関係を凝視する確認する必要がなく、揃えや等間隔に配置するのに便利な機能です。

Before

漠然と配置しているので、美しさが感じられない…

ネット通販割引をスタート

- 実店舗から誘導
  ネット通販と実店舗は同じ価格で販売してきた。今後は商品に価格差をつけ、集客力のある実店舗から、販売効率のよいネット通販に消費者を誘導していく。

    - 全体の販売は増加
      本企画を実施すると、実店舗での売上高が一時的に減る可能性もある。しかし、ネット通販と併用して購入する消費者が増え、年間の購入総額も増えると予測できる。

- 施策の概要
  1. 実店舗より500〜1,000円程度安く売る。
  2. ネット限定の商品を販売する。
  3. ネット販売比率を5年後に40%以上にする。

- 見込める効果
  1. 個人ベースの来店と購買回数はアップする。
  2. 品切れによる販売機会のロスが減る。
  3. 店舗の在庫負担が軽くできる。

規則性がないからまとまらない
要素の並び方や距離感がバラバラなので整理感に欠ける。まとまりが出ないので、読んでも理解しにくいし賢く見えない。

After

要素を揃えるだけで、見違えるほどキレイに！

ネット通販割引をスタート

- 実店舗から誘導
  ネット通販と実店舗は同じ価格で販売してきた。今後は商品に価格差をつけ、集客力のある実店舗から、販売効率のよいネット通販に消費者を誘導していく。

- 全体の販売は増加
  本企画を実施すると、実店舗での売上高が一時的に減る可能性もある。しかし、ネット通販と併用して購入する消費者が増え、年間の購入総額も増えると予測できる。

- 施策の概要
  1. 実店舗より500〜1,000円程度安く売る。
  2. ネット限定の商品を販売する。
  3. ネット販売比率を5年後に40%以上にする。

- 見込める効果
  1. 個人ベースの来店と購買回数はアップする。
  2. 品切れによる販売機会のロスが減る。
  3. 店舗の在庫負担が軽くできる。

整理感と統一感が感じられる
タイトル帯の左にテキストボックスを揃え、右にイラストを揃えた。
少しのずれがあっても違和感を覚えるので、必ずピッタリ合わせること。

26 文章をさりげなく美しく見せる

Key word
両端揃え

文章をレイアウトするときは、左端を基準にして揃えるのが基本です。日本語には読点（、）や句点（。）やカッコやといった記号類が多く使われますので、読みやすいように禁則処理が行われます。その結果、行末の縦方向が揃わずに見栄えが悪くなることがあります。

本文は両端揃えが基本

　図形や写真が揃って配置されると美しく見えるように、テキストボックス内の文章も左端を基準に揃えるのがレイアウトの基本です。何気なく文字を入力していると、左揃えになることが多いはずですが、オススメしたいのは「両端揃え」です。

　左揃えと両端揃えの違いは、行末の扱いです。左揃えは、行末の右端の縦方向が凸凹してまとまりがありません。両端揃えは文章の末尾が調整されて右側に揃うため、縦方向がきれいに見えます 操作1 。

　文章を揃えると、紙面全体が整った印象になります。取るに足らない機能と思いがちですが、見違えるほど紙面が美しくなります。

　なお、図形同士の中央揃えは、**揃う基準がはっきり見えない**ために揃っていることが強く認識できません。複雑なレイアウトでは横方向の要素にも注意が必要になり、広い余白も作りにくくなります。中央揃えが悪いわけではありませんが、安易な使用は避けましょう。

禁則処理は有効のまま使おう

　開くカッコ（「）や引用符（""）などが行末に来ると、自動的に次行の行頭へ送られる禁則処理が働きます。禁則処理とは、行頭や行末にあると見栄えが悪い文字を自動調整する機能です。禁則処理は初期設定で有効になっていますが、必要に応じて個別に追加することができます。

　禁則文字の詳細設定は、[段落]ダイアログボックスの[体裁]タブにある[オプション]ボタンをクリックして[文字体裁]ダイアログボックスを表示し、[禁則文字の設定]で指定できます 操作2 。

操作1
両端揃えにする

❶テキストボックスを選択→❷[ホーム]タブの「段落」にある[両端揃え]

操作2
禁則文字を追加する

❶テキストボックスを選択→❷[ホーム]タブの「段落」にある[段落]ダイアログボックス起動ツール→❸[体裁]タブ→❹[オプション]ボタン→❺[ユーザー設定]のボタンをオン→❻上下のボックス内に禁則文字を入力→❼[OK]ボタン

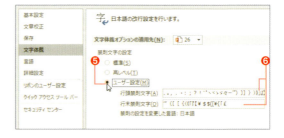

Before 行末の縦方向がガタガタしていている

活発化する動画配信サービス

- 動画配信サービスの競争が活発化している。スマホやタブレットを使う視聴スタイルが多様化する中、地上波と連動した企画で、視聴者を呼び戻そうと躍起になっている。
- 実際、動画配信サービスの市場規模は拡大中だ。ある調査によると15年の市場規模は約1,500億円、20年には2,000億円を超える見込みだ。
- 15年には初めてテレビの視聴時間が短くなったという調査結果もある。若い世代を中心にテレビだけではなく、スマホやタブレットで動画を見る習慣が確実に浸透しつつあるのだ。
- 視聴スタイルの変化に合わせようとして、テレビ局もベンチャー企業と提携して番組を共同制作するなど、動画配信サービスを相次ぎ打ち出している。

まとまり感が出ない
左揃えのままでは、行末の縦方向がガタガタしてしまう。見栄えや読みやすさを考えると、きっちりと揃えるほうがいいに決まっている。

After 縦方向がスッと並ぶので美しく見える

活発化する動画配信サービス

- 動画配信サービスの競争が活発化している。スマホやタブレットを使う視聴スタイルが多様化する中、地上波と連動した企画で、視聴者を呼び戻そうと躍起になっている。
- 実際、動画配信サービスの市場規模は拡大中だ。ある調査によると15年の市場規模は約1,500億円、20年には2,000億円を超える見込みだ。
- 15年には初めてテレビの視聴時間が短くなったという調査結果もある。若い世代を中心にテレビだけではなく、スマホやタブレットで動画を見る習慣が確実に浸透しつつあるのだ。
- 視聴スタイルの変化に合わせようとして、テレビ局もベンチャー企業と提携して番組を共同制作するなど、動画配信サービスを相次ぎ打ち出している。

両端揃えなら美しい
文章部分がボックスとしてまとまって見えるため、全体が整った印象になる。文章は両端揃えにすることを基本として覚えておこう。

27 情報をまとめてわかりやすくする

Key word
グループ化

同じような言い回しがあると、くどくてまとまりのなさを感じます。また、関係する情報要素が近くにないと、頭の中で関連付けがしにくくなります。情報をまとめてひと言で表したり、関連する要素をひとかたまりにする「グループ化」は、メッセージを明確にするテクニックです。

■ グループ化で情報が整理される

多くの情報を適切に整理するには、**グループ化**が欠かせません。グループ化は同じ情報や似た情報をまとめることで、内容がすっきりしてメッセージが明確になる効果が出ます。

情報をグループ化する際には、個々の要素の内容をきちんと理解しておく必要があります。

「どの情報を関連付けてまとめるか？」「グループ内とグループ間の優先順位をどうするか？」。このようなことを考えて、意味のあるまとめ方をすることが重要になります。基本的には、言いたいことや属性で共通する内容であれば、グループ化してかまいません。

≫ 関係のある要素を近づける

具体的な方法は、同類の情報や関係のある要素を近付け、関係のない情報は離してレイアウトします。同時にグループ間に余白を作ると、それぞれの意味や役割が強調できます。

また、近付けたり離したりする以外に、色や形を統一したり、線で囲んだりしてグループ化してもいいでしょう。

 情報が読み取れる並べ方になっていない…

先頭の文字の色で分類？
先頭の丸印の色で12の食材を分類している。分類の意味は下に書かれているが、目線を何度も往復させないと正しく理解できない。

 罫線で囲んでグループ化した！

食べる部位ごとにグループ化した
野菜のどの部位を食べるかを罫線でグループ分けした。「○○を食す」というグループ化の意味も付記したため、見るだけで理解できるようになった。

Before パッと見ても情報の意味や違いが伝わってこない

むしろ手書き？ それでもスマホ？

Pen and notebook
電池なんて気にしなくていい。サッと取り出して気ままに直感的に言葉を走らせる。言葉にできないアイデアなら絵を描けばいい。

Smartphone
スマートにかっこよく思考を記録するならスマホに限る。いまどきいろんなアプリがある。音や写真だって保存でき、後々の編集もラク。

文章と写真の関係性が弱い
文章と写真が無造作に配置してあるため、互いの関係性がまったく感じられない。意図のない配置は、読み手を困らせてしまうだけだ。

↓

After 同じ要素をまとめて情報の違いがはっきりした

むしろ手書き？ それでもスマホ？

Pen and notebook
電池なんて気にしなくていい。サッと取り出して気ままに直感的に言葉を走らせる。言葉にできないアイデアなら絵を描けばいい。

Smartphone
スマートにかっこよく思考を記録するならスマホに限る。いまどきいろんなアプリがある。音や写真だって保存でき、後々の編集もラク。

直感的に理解できる
文章と写真を近付けてグループ化した。文章の読み出し位置を写真の左端に揃えたので、すべての要素が整理されていて気持ちいい。

28 図解して多くの情報を伝えよう

Key word
図解

情報を図で表現（**図解**）すると、紙面がにぎやかになり賢く見えるといったメリットが出ます。しかし、図解が本当にいいのは、**多くの情報を速く直感的に伝えられる**ことにあります。パッと見て理解できることは、ビジネス資料に不可欠な要素です。

■ 図解なら短時間で情報が伝わる

例えば、会場の場所を説明するのに「駅を出て交差点を左に曲がって……」と書くより、地図を描けば事足ります。明日の天気を「晴れ、最高気温25度、最低14度」と書くよりも、☀マークと赤文字で「25」、青文字で「14」と表すほうがわかりやすくなります。

文章は読み、図解は見る。短時間に全体像を理解してもらわなければならないビジネス資料では、図解は効果的な表現方法です。「読む」と「見る」。この違いが、一度に多くの情報を理解してもらえる理由です。

≫ ズバリ！単純明快が図解の力

図解は、基本図形などを組み合わせて意図する内容を表現します（操作）。複雑そうに思える話も、衣を脱いでいけば四角形と矢印で表せたりするもの。まずは簡単な図形で組み立ててみましょう。図解の作り方一つで、資料のわかりやすさに雲泥の差がつくことがわかります。

言うに及ばず、インパクトが違います。図解では論理的に展開する情報を視覚で追うことができるため、頭にスッと入ってきます。当然、記憶に残ります。行間を読ませる文章だけの企画書に比べ、図解から企画イメージが膨らみますので、活発な意見交換が生まれる期待もあります。

単純明快であることが、図解の特徴です。

（操作）
図形を描く

❶[挿入]タブの「図」の[図形]→❷目的の図形を選択→❸スライド上でクリック（または目的のサイズになるようにドラッグ）

≫ 同じ図形を連続して描く

通常は図形を1つ作ったら描画モードは終了しますが、同じ図形を連続して描くこともできます。[挿入]タブの「図形」にある[図形]をクリックし、表示される図形一覧の目的の図形上で右クリックして[描画モードのロック]を選択します。

あとは Esc キーで描画モードを解除するまで、何個でも描き続けられます。根を詰めて細かな図形を描きたいときに役立ちます。

▼[描画モードのロック]を選択

Before 箇条書きだって「読む努力」が必要になる

業績アップの仕組みづくり ［営業ノウハウの共有化］

毎日の営業活動や顧客との商談は、仕事を進め顧客との関係を深めるノウハウの宝庫だ。顧客と触れ合う回数が多い社員ほど、リアルな事例が蓄積する。この経験を「会社のノウハウ」として共有できれば、営業の効率化と社員スキルの向上を同時に図ることができる。

▶ステップ1
統括マネージャーの「営業シート」に営業部社員がいつでも入力できる「事例欄」を用意する。
▶ステップ2
社員は皆が共有すると効果的と思われる交渉術や会話術、企画の発想法や情報収集法を入力する。
▶ステップ3
統括マネージャーは月末に、「事例欄」のログを「一括ダウンロード」してエクセルで表にまとめる。
▶ステップ4
統括マネージャーが役立つと思う事例やノウハウを選び出し、情報提供者に追加の取材をする。
▶ステップ5
評価・補足情報を付加した上で該当事例をマーキングし、社員に閲覧推奨のメールを送信する。

それでも読まないとわからない
どのような段取りを踏むか、企画の核となる部分をステップ1からステップ5まで箇条書きでまとめてある。それでも読まないとわからない。

After 5つのステップが手に取るように理解できる

業績アップの仕組みづくり ［営業ノウハウの共有化］

毎日の営業活動や顧客との商談は、仕事を進め顧客との関係を深めるノウハウの宝庫だ。顧客と触れ合う回数が多い社員ほど、リアルな事例が蓄積する。この経験を「会社のノウハウ」として共有できれば、営業の効率化と社員スキルの向上を同時に図ることができる。

ステップ	
ステップ1	統括マネージャーの「営業シート」に営業部社員がいつでも入力できる「事例欄」を用意する。
ステップ2	社員は皆が共有すると効果的と思われる交渉術や会話術、企画の発想法や情報収集法を入力する。
ステップ3	統括マネージャーは月末に、「事例欄」のログを「一括ダウンロード」してエクセルで表にまとめる。
ステップ4	統括マネージャーが役立つと思う事例やノウハウを選び出し、情報提供者に追加の取材をする。
ステップ5	評価・補足情報を付加した上で該当事例をマーキングし、社員に閲覧推奨のメールを送信する。

情報が視覚で追えるようになった
文字数はまったく同じでも「見せる」ほうが断然有利だ。5つのステップを図解しただけなのに、ひと目で情報が認識できるようになった。

29 内容の本質をズバッと見せよう

Key word
チャート
フレームワーク

文章を考えるうちに冗長になってしまい、ますます文字が増えていくことはありませんか？ そのようなときは**チャート**を作りましょう。チャートとは図・表・グラフなどによる表現全般をいいます。その最大の特長は「わかりやすさ」。言葉にすると冗長な内容が、直感的にまとめられます。

フレームワークで思考をかたちにする

私たちがよく使う集合図や階層図、整理表や円グラフなどはすべてチャートです。このチャートの中には**フレームワーク**も含まれます。フレームワークとは「枠組み」を意味するビジネス用語です。一般のビジネスの現場では、問題発見や問題解決、意思決定などに向けた手法のことです。

PPMや**PDCA**、ロジカルシンキングといった言葉は、多くの人が耳にしたことがあるでしょう。フレームワークを使うと、**思考をかたちにできます**。頭の中で逡巡する思考を紙面に落とし込んでいく作業は、自分の考えが整理・深化・具体化できる効用が生まれます。

フレームワークには多くのノウハウが詰まっていて、さまざまな分野に共通して利用できます。長年使われてきているものが多く、一般に浸透しているのもわかりやすい説明ができる理由になっています。上手に使えば、読み手を納得させる強い武器になります。

PPM

現在の事業や商品構成を分析する方法の1つに、PPM（プロダクト・ポートフォリオ・マネジメント）があります。PPMは、事業や商品がどのような段階にあるかをマトリクスで表現し、どの事業や商品を育成・維持・撤退すべきかを検討する経営分析の手法です。
PPMは、エクセルなどで作成した散布図のグラフを使用します。

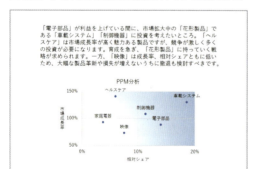

PDCA

PDCAとは、「Plan（計画）」→「Do（実行）」→「Check（評価）」→「Action（改善）」のサイクルを繰り返すことで、業務内容を見直し、ビジネスを円滑に進める手法のことです。
PDCAは循環する円を作って表すのが一般的です。「SmartArt」の「循環」から好みのグラフィックが選択できます。かたちや線の雰囲気が気になる人は、グループ化を解除して1個ずつの図形に変換してから加工してもいいでしょう。

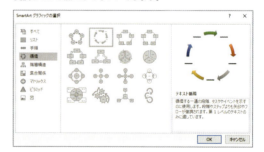

Before 主旨がパッと理解できる見せ方はないのかな？

```
エコ推進活動の取り組み案

目標
①電気・コピー用紙・ガソリン使用量を減らす。
②社員のエコ推進意識を高める。

施策の実行
①各部署の責任者が結果を取りまとめる。
②月末に実施状況を記録する。

環境報告書の作成
①目標の達成状況を報告する。
②感想や今後の課題も併せて報告する。

見直しの実施
①見直し項目を洗い出して多面的に評価する。
②変更の必要性の有無を判断する。
```

主旨がつかめないこともある
4つのプロセスを繰り返して、業務を円滑に効率よく進めることを言いたい。これってPDCAサイクルのことにほかならない。

After フレームワークを使えば、パッと見て理解できる

表現がはっきりしている
フレームワークは、適切な見せ方でアイデアを表現してくれる。シンプルさとスピーディーが求められるビジネス資料にマッチしている。

30 表で情報を分類・整理しよう

Key word
表

ビジネス資料でよく使われる**表**のメリットは、多くの情報をきれいに分類・整理できる点にあります。「数値を一覧で紹介したい」ときに比較表や一覧表にしたり、「説明が長くなった…」「考えが整理できない…」ときに、霞んでいた思考を整理整頓する際にも役立ちます。

罫線を強調しないですっきり作る

パワポで表を作るときは、表機能を使って挿入します。何行何列の行でも簡単に挿入できます 操作 。

操作
表を挿入する

❶[挿入]タブの[表]の「表」の[表]→❷表の行と列の数をポイント→❸スライド上に指定した行列の表が挿入される

≫表は見やすく作るのが基本

表は縦横に線を引いて終わりではありません。大切なのは表の中の情報であり、読み手が見やすいと感じるように作るのが礼儀です。
基本的な作成ポイントは、以下の通りです。

- 文字は左揃えにする(短い単語は中央揃えでも可)
- 数値は右揃えにして3桁区切りのカンマを付ける
- 小数点以下の桁数を揃えておく
- 列見出しや行見出しに色を付ける

≫挿入後の加工も自在

挿入した表は行列の追加や削除、サイズの調整やセルの塗りつぶし、罫線の種類変更などが簡単に行えるようになります。
また、横に長いタイトルや階層状態を表現するような場合は、セル結合が便利です。セル同士を結合することで、1つのセルの縦や横が広くに柔軟に使えるようになり、表の表現力がグッと広がります。

≫表の行数と列数を指定する

8行10列を超える表を作りたいときは、上記の操作❷のときに[表の挿入]を選択して、[表の挿入]ダイアログボックスで行と列の数値を入力します。

▼[表の挿入]ダイアログボックスで行と列の数値を入力

Before 大事な表なのに、標準設定のままでいいのだろうか？

社会教育関係施設の利用者数

(千人)

区分	公民館	図書館	博物館	博物館類似施設	青少年教育施設	女性教育施設	社会体育施設	民間体育施設
平成7年間	219958	120011	124074	161927	19540	3859	464611	166734
平成10年度間	221797	131185	113273	167376	20088	3443	452943	194541
平成13年度間	222677	143100	113977	155526	20766	3315	440590	156716
平成16年度間	233115	170611	117854	154828	20864	2850	466617	157647
平成19年度間	236617	171355	124165	155706	22113	10675	482351	148380
平成22年度間	204517	187562	122831	153821	20043	10172	486283	136424
増減数	△32101	16207	△1334	△1885	△2070	△503	3932	△11956
伸び率（%）	△13.6	9.5	△1.1	△1.2	△9.4	△4.7	0.8	△8.1
国民1人当たりの利用回数	1.6	1.5	1.0	1.2	0.2	0.1	3.8	1.1

出所：文部科学省「社会教育調査」平成23年度

標準設定で使うな！
挿入した表のデザインは、自動的に「中間スタイル2-アクセント1」が適用される。表の内容によって、デザインを変える配慮が必要だ。

After メリハリを意識すると、データの表情が明るくなる

社会教育関係施設の利用者数

(千人)

区分	公民館	図書館	博物館	博物館類似施設	青少年教育施設	女性教育施設	社会体育施設	民間体育施設
平成7年間	219,958	120,011	124,074	161,927	19,540	3,859	464,611	166,734
平成10年度間	221,797	131,185	113,273	167,376	20,088	3,443	452,943	194,541
平成13年度間	222,677	143,100	113,977	155,526	20,766	3,315	440,590	156,716
平成16年度間	233,115	170,611	117,854	154,828	20,864	2,850	466,617	157,647
平成19年度間	236,617	171,355	124,165	155,706	22,113	10,675	482,351	148,380
平成22年度間	204,517	187,562	122,831	153,821	20,043	10,172	486,283	136,424
増減数	△32,101	16,207	△1,334	△1,885	△2,070	△503	3,932	△11,956
伸び率（%）	△13.6	9.5	△1.1	△1.2	△9.4	△4.7	0.8	△8.1
国民1人当たりの利用回数	1.6	1.5	1.0	1.2	0.2	0.1	3.8	1.1

出所：文部科学省「社会教育調査」平成23年度

色の重さがなくなり軽くなった
見出しを目立たせ、隔行に色を付けるだけでメリハリが生まれた。数値は右揃えと3桁区切り、小数点以下の桁数を揃えて基本を厳守。
本例の表の下3行は平成22年に関するデータなので、色を外したり行頭を下げて階層化すると、一層わかりやすくなる。

31 「見せる表」を意識して作ろう

Key word
表

作り込んだ図解やカラフルなグラフと違って、表は行と列で構成されるシンプルな図です。それだけに罫線の種類や配色といった少しばかりの工夫で、見違えるほど美しくなります。表は読み手に負担をかけずに、正確で説得力ある情報をアピールできる情報要素であることを覚えておきましょう。

ゴチャゴチャ感を解消する

表の印象は、特に罫線で決まります。縦横びっしりと線が引かれると、ゴチャゴチャしてデータが見づらくなります。できるだけ罫線を減らし、メリハリを効かせた少ない色使いが好まれます。

また、太い見出しや大きな文字サイズの数値、濃い色で塗りつぶされたセルがあると、目障りでじっくり読めません。表のデザインの基本は、最初に全体を均一に表現し、次に列見出しを目立たせ、さらに1行や1列が読みやすいように塗りつぶしや罫線の処理をすると考えると、バランスのいい表に近付いていきます。

操作
行の高さと列幅を指定する

❶表をクリック→❷[表ツール]の[レイアウト]タブの「セルのサイズ」にある[行の高さの設定]ボックスと[列の幅の設定]ボックスに数値を入力

以下のような点を意識して、表を作成するといいでしょう。

- 表の罫線がうっとうしく感じたら、縦罫線を外すか色を薄くする
- 1行おきに色を付けて、横方向へのデータを目で追いやすくする
- 強調したいときはセルを薄い色で塗りつぶすか、文字の色を変えてみる
- 安定感を出したいときは、行の高さと列幅を同じ値にする 操作

≫セルの余白を広げる

セル内の文字や数値が隣接する表の罫線に近いと窮屈に見えます。紙面が許す範囲で、セル内部の余白を広げてみましょう。[表ツール]の[レイアウト]タブにある「配置」から[セルの余白]をクリックし、メニューから[広い]を選びます。

自分で余白の値を決めたいときは、[ユーザー設定の余白]を選択し、[セルのテキストのレイアウト]ダイアログボックスの「内部の余白」の上下左右ボックスに数値を指定します（※画面は初期値）。

▼[セルのテキストのレイアウト]ダイアログボックスで指定

Before 目立たせようとしてついついやり過ぎてしまう

ふるさと納税の受入額と受入件数

(百万円、件)

順位	都道府県	平成27年度		平成26年度		平成25年度	
		金額	件数	金額	件数	金額	件数
1	北海道	15,036	880,689	4,338	248,679	1,591	48,406
2	山形県	13,908	735,418	2,872	208,818	318	21,579
3	長野県	10,456	318,889	2,090	102,895	834	21,437
4	宮崎県	10,328	618,262	2,304	138,263	326	18,009
5	佐賀県	9,662	426,805	1,812	76,289	309	11,075
6	静岡県	9,430	373,037	1,241	55,759	151	7,782
7	長崎県	8,245	300,396	1,769	46,682	134	2,993
8	鹿児島県	7,451	293,608	593	25,195	257	4,044
9	福岡県	5,473	210,246	578	33,375	220	9,638
10	高知県	4,616	271,961	727	53,707	196	8,466

出所：総務省「ふるさと納税に関する現況調査結果」平成28年6月14日

派手な加工は逆効果だ
パワポが用意している表スタイルを使っても、見栄えがよくなるとは限らない。英数字は「Calibri」が適用されるが、少し小さいフォントだ。

After データが読めるように「すっきり」「はっきり」させた

ふるさと納税の受入額と受入件数

(百万円、件)

順位	都道府県	平成27年度		平成26年度		平成25年度	
		金額	件数	金額	件数	金額	件数
1	北海道	15,036	880,689	4,338	248,679	1,591	48,406
2	山形県	13,908	735,418	2,872	208,818	318	21,579
3	長野県	10,456	318,889	2,090	102,895	834	21,437
4	宮崎県	10,328	618,262	2,304	138,263	326	18,009
5	佐賀県	9,662	426,805	1,812	76,289	309	11,075
6	静岡県	9,430	373,037	1,241	55,759	151	7,782
7	長崎県	8,245	300,396	1,769	46,682	134	2,993
8	鹿児島県	7,451	293,608	593	25,195	257	4,044
9	福岡県	5,473	210,246	578	33,375	220	9,638
10	高知県	4,616	271,961	727	53,707	196	8,466

出所：総務省「ふるさと納税に関する現況調査結果」平成28年6月14日

文字サイズと配置がグッドバランス
日本語は「メイリオ」、数値は「Segoe UI」で字面のバランスを合わせた。列見出しだけに色を付け、セルの高さと幅を揃えて統一感を出した。

32 グラフはビジュアルのメッセージだ！

Key word
グラフ

ビジュアル要素の中でも、グラフは訴求力の高い情報要素の1つです。ただし、プレゼンを中心とした資料においては、あまり緻密に作り込んではいけません。直感的に見せる意味を理解して、適切な種類とシンプルな表現でメッセージに反映させましょう。

適切な種類のグラフを作ろう

ビジネス資料に**グラフ**を入れるメリットは、メッセージが直感的でわかりやすくなることに尽きます。ついつい詳細なグラフを作りたくなりますが、それだと目を凝らして読まねばならず、直感的でもわかりやすくもありません。

間違いや誇張し過ぎは問題外ですが、プレゼン中心の資料では、「手短に」「わかってもらう」ことがグラフの役割です。「精密さは必要ない」と割り切って、できるだけ単純化したグラフを作るようにしましょう（操作）。

≫ 適切なグラフの種類を選ぶ

グラフの特徴に合った適切な種類を選ぶことも大事になります。例えば、新商品の出荷推移を見るならば折れ線グラフ、サービス利用者の年代別割合を見るならば円グラフが適しています。

インパクトを狙って3Dグラフを使う人もいますが、角度によってグラフ要素の大きさや割合が一致しないように見えることもあります。やはり、オーソドックスで誰でもわかるグラフのほうが、主旨がスムーズに伝わって読み間違いもなくなります。

操作
グラフの種類を選択して作成する

❶[挿入]タブの「図」にある[グラフ]→❷[グラフの挿入]ダイアログボックスでグラフの種類を選択→❸[OK]ボタン→❹グラフが挿入されたらワークシートのデータを変更する

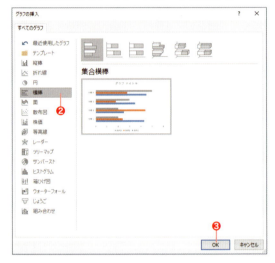

▼主なグラフの種類

種類	内容
縦棒・横棒	項目ごとの大小・順位・比較を表す
折れ線・面	時系列の変化や項目の推移・傾向を表す
円	全体に対する項目の大小・順位・内訳を表す
ドーナツ	複数のデータ系列の割合を表す
散布図	2項目の相互の分布状態や関係性を表す
バブル	3つの値の組を比較して表す
レーダー	形状から項目のバランス（大小や比較）を表す
等高線	連続した曲線で2つの次元の値の傾向を表す

Before シンプルな縦棒グラフなのに、どうもわかりづらい

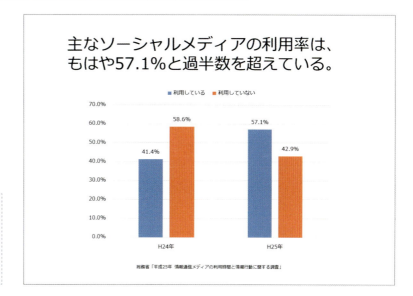

多いの？　少ないの？
伝えたいのは、利用している人が57.1％に達しているという青い要素棒の変化だ。縦棒を並べただけでは、その意図が伝わってこない。

After 積み上げ横棒なら年度の推移がひと目でわかる

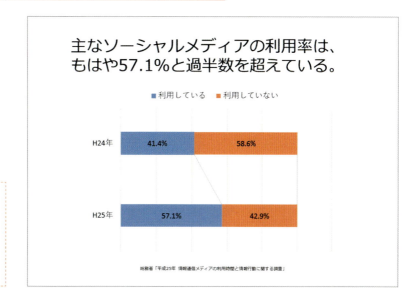

積み上げ横棒グラフに変更した
「利用している」「利用していない」の2つのデータ系列の変化は、上から下へ視線を移すだけ。年度の比率の推移がパッとつかめる。

33 グラフを加工して意図を明確にしよう

Key word
グラフ

パワポのグラフ機能は優秀であり、操作に慣れれば一応のかたちがすぐ出来上がります。問題なのは、グラフ作りが手軽ゆえに、グラフ化した最初のかたちのままにしてしまうこと、メッセージが正確かつ効果的に伝わっているかを検証していないことです。ときに、少しのデフォルメも必要です。

■ 少しのデフォルメで印象的にする

ビジュアルとして存在感のある**グラフ**ですが、グラフが持つ数値の意味を上手に伝えるには、効果的な見せ方をする必要があります。それには「数値の差異を強調する」「注目個所をアピールする」「すっきりキレイに見せる」の3つをおススメします。

» 差異を強調する

まず、数値の差異を強調してみることです。目盛単位の最小値を引き上げれば、数値の単位幅が広くなって要素間の際も大きくなり、「増えている」「減っている」がより明確になります。

» 注目箇所をアピール

次に、注目させたい箇所をアピールすること。ブロック矢印を追加したり、一部の要素だけデータラベルを表示したり色を変えることで、例えば「9月の売上高」や「40代女性の割合」といった1つの要素に目が向きます。

» すっきりキレイに

すっきりキレイに見せるには、「タイトルや凡例は入れない」「軸ラベルや単位、目盛線を外す」「要素の数を5つくらいまでにする」といった加工を適宜してみましょう。グラフエリア内で目移りする情報が消えて、肝心の情報がしっかり伝わるグラフになっていきます。

» 軸の最小値と最大値を変更する

グラフの軸を右クリックして［軸の書式設定］を選択します。［軸の書式設定］作業ウィンドウで「軸のオプション」にある「境界値」の「最小値」と「最大値」を変更します。それぞれの初期値は自動的に設定されるので、適当な値を見つけて入力します。

▼初期値のままだと、大きな違いがわからない

▼「最小値」を［30,000］、「最大値」を［50,000］に変更すると、差異がはっきりする

Before タイトルが主張するグラフ要素が埋もれている

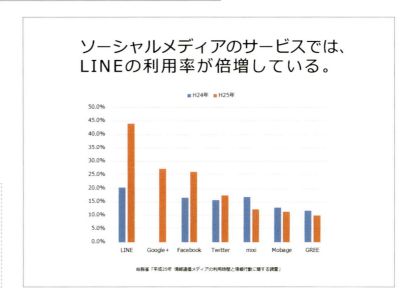

どこを指しているのかわからない
サービスごとの年度比較を縦棒グラフにしている。基本に忠実なグラフだが、グラフの表現力が弱いために言いたいことが伝わってこない。

After タイトルと一体感が出て、どこを見るかが一目瞭然

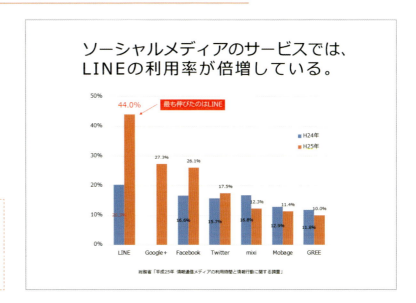

コメントと矢印が目立つ
「LINE」にコメントと矢印を付け、データラベルを大きく色文字にした。要素棒を広げ、文字サイズも大きくしたのでメッセージがはっきりした。

34 リアリティのある動画を使おう

Key word
動画

いまや、デジカメでもスマホでも簡単に**動画**が撮れる時代です。街の雑踏や店頭の陳列具合、建物や土地、工場や店の実態を手軽に撮影できるようになりました。このような動画を資料に入れておけば、説得力が高まってプレゼンにも迫力が加わります。

▌「ここぞ！」の場面で動画を入れよう

写真は直感的で訴求力のある情報要素ですが、動画のほうがより多くの情報を埋め込むことができます。例えば、店内で消費者の意見を聞く動画を用意したとしましょう。その動画からは発言者の声と表情、店内の活気、ほかのお客の動作など、多くの情報がダイレクトに伝わってきます。

このような情報が入ったプレゼン資料であれば、企画を適切に評価でき、問題点の発見や改善につなげることも可能です。ほかにも、新製品の特長を説明する動画や出店計画の立地状況を説明する動画など、長い文章では読まない資料が「ちょっと再生してみようか」と思ってくれるでしょう。

» 動画は強力なコンテンツ

パワポを使えば手元に動画を用意し、そのファイルを選択するだけで動画を挿入できます 操作 。パワポのファイルの容量は増えますが、クリック操作だけで再生することができます。

「ここぞ！」という場面で20〜30秒の動画を入れてみましょう。読み手や聴衆を飽きさせず、「おっ？」と思わせ、「なるほど！」と印象に残す。動画は強力なコンテンツになります。

» プレゼンファイルを動画に変換する

パワポには、プレゼンファイルを動画に変換する機能があります。ただ、動画に変換するだけですが、スライドに挿入した動画や、設定したアニメーションやナレーションが再生されるようになります。

[ファイル] タブをクリックして、バックステージビューの [エクスポート] にある [ビデオの作成]（パワポ2010は [保存と送信] にある「ファイルの種類」）から [ビデオの作成] ボタンをクリックします。

あとは出力ファイル名を入力して [保存] ボタンを押すだけです。ステータスバーに「ビデオプレゼン.mp4を作成中」という表示が出て、しばらく待つとMP4という形式の動画への変換が終了します。

操作

動画を挿入する

❶[挿入] タブの「メディア」の [ビデオ] → ❷[このコンピューター上のビデオ] → ❸ダイアログが表示されたら保存先を選択し、挿入するビデオファイルを選択 → ❹スライドに埋め込む場合は [挿入]、ビデオファイルにリンクする場合は [挿入] の▼をクリックして [ファイルにリンク]

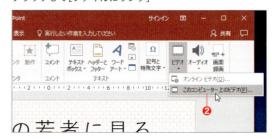

▼[エクスポート] にある [ビデオの作成]

クリックします

Before 実際の流行調査も言葉だけでは物足りない…

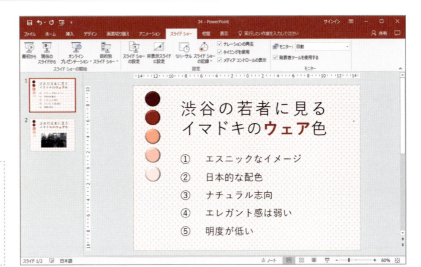

ありきたりな説明スライドだ
流行調査の結果を箇条書きでまとめたスライド。いくら言葉を並べてみても、根拠や事実が見えないと訴求力は弱くなってしまう。

After 動画を見せれば、リアリティのある根拠が伝わる！

動画の事実が説得力を持つ
動画を見れば、一瞬で「わかる」。多くの言葉も過剰な演出もいらない。事実を見せることで、実情が伝わり、内容に説得力が生まれる。

（注）NHKクリエイティブ・ライブラリーの動画を引用。ダウンロードファイルには入っていません。

35 アニメーションを利用しよう

Key word
アニメーション

パワポの特徴的な機能が**アニメーション**です。これは文字や図形、写真などの情報要素を動かし、情報要素の相互関係や流れをわかりやすく説明するものです。画面の変化による驚きや興味から、読み手や聴衆の視線をスライドに集められます。

楽しい動きで内容をつかんでもらう

派手で楽しいアニメーションですが、むやみに使ってはいけません。何でもかんでも動かしていては、見るほうは忙しくなり、安心して内容を理解できません。

アニメーションの過剰な動きは聴衆の意識を散漫にさせ、結局「内容がわからなかった…」という結果になることもあります。

≫ 動きに適切な意味を持たせよう

アニメーションを使うときは、その動きに適切な意味を持たせてください。使う場面と動きが理にかなったものであれば、確実に内容の理解を促すことでしょう。

大切なキーワードを「ズーム」で目の前に出す。製品写真を「スピン」で目立たせる。グラフの要素棒を「ワイプ」で出現させる。タイトルを「フェード」でフレームアウトさせる。作成する資料に合った使い方は、それこそ無限です。

アニメーションは「なんだか面白い」という気持ちにさせてくれます。つかみとしてはOKですが、「それが何か？」と言われないように、ポイントを押さえて違和感のないアニメーションを作りましょう。

≫ アニメーションを作る

アニメーションは、各情報要素に動きや効果の機能を設定して作ります。例えば、タイトルのテキストボックスを選択したら、「アニメーション」にあるいずれかの動きを選択します。

次に［アニメーションウィンドウ］を開き、動かすタイミングや時間を指定します。

さらに設定した動きをプレビューさせて確認し、動きを追加・調整します。次に動かす情報要素がある場合は、同様に設定します。

単純に「スライドイン」といった動きを1つ設定するだけでもいいのですが、強調や方向、遅延といった動かし方を工夫すれば、よりスムーズで面白い動きが生まれ、効果的な演出になっていきます。

▼［アニメーションウィンドウ］でタイミングや時間を指定

▼次に動かす情報要素がある場合は、同様に設定

いつものスライドでは、なかなか興味を示さない

文字だけでは「つまらない」
見慣れた文字だけのスライドでは、イマドキ興味を持ってもらえない。アニメーションで動かして内容を伝えるのも1つの方法だ。

 楽しいアニメーションをついつい目で追ってしまう

話とスライドがシンクロする
マジックを持った手が動き、そのあとで文字が表れる。さらに追加の情報が表れて画面が制止する。一連の動きで画面に釘付けになる。

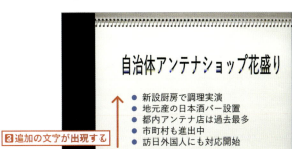

column

パワポがない？ 見るだけにしたい？
PDFなら、みんながハッピーになる！

● PDFファイルを作ろう

　仕事における資料の扱いは千差万別です。送ったパワポの資料を相手が開けない。配布するプレゼン資料のデータを使われたり、メモ情報が覗かれるのはイヤだ。そんなときに活躍するのが**PDFファイル**です。

　PDFファイルはOSを気にせず、どのパソコンでも同じレイアウトで内容が見られる汎用性のあるファイル形式です。パワポがなくてもAdobe ReaderやPDF Readerといった閲覧ソフトがあれば、パソコン以外のiPadやAndroidといったタブレット端末でも開くことができます。

　パワポをはじめ、ワードとエクセルでも、通常のファイルを保存するのと同様の操作で、簡単にPDFファイルが作れます **操作**。

▼PDF形式(*.pdf))で保存する

操作
スライドをPDFファイルにする

❶［ファイル］タブ→❷バックステージビューの［エクスポート］→❸［PDF/XPSの作成］→❹［PDFまたはXPS形式で発行］ダイアログボックスの「ファイルの種類」で［PDF (*.pdf)］となっているのを確認→❺［発行］ボタン

　作成されたPDFファイルは、それを表示するパソコンにあるフォント群の中から同じものを使って表示します。同じフォントがない場合は、別のフォントが対応付けられますので、意図しない文字が表示されることもあります。PDFにフォントを埋め込んでおけば、これを回避できます。PDF形式のファイルで保存するときに［オプション］ボタンをクリックし、フォントを埋め込む指定をしてください。

▼ISO 19005-1に準拠 (PDF/A)(1)］のチェックをオンにする

クリックしてオンにします

Part 6

わかりやすい資料にしたい。
メリハリをつけてレイアウトしよう！

紙面にリズムを呼び起こす
メリハリの付け方を知っておこう。
ほんの少しの工夫をするだけで
資料が好印象になっていく。

36 文字をきれいに見せよう

Key word
フォント

図解を駆使して「読ませる資料」を掲げても、言葉を抜きにしては正しい情報が伝わりません。まずは主役となる文字をきれいに見せて、読みやすい文章にすることが求められます。それにはフォントの特徴を理解して、内容に合わせたフォントを選ぶ必要があります。

フォントの特徴を理解して選ぶ

フォントは安易に字体を変形したり、色や影を付けてはいけません。文字はフォントによって、すでに美しくデザインされていますので、フォントの特徴を理解して適切に選択さえすれば、読みにくくならないようになっています。

フォントによって、仕上がりの印象は大きく変わります。いろいろなフォントがあり、どれを使うのが「正解！」という明確な基準はありませんが、フォント選びの基本になるのは、次のようなことです。最終的には自分で選んだフォントを適用させて、見え方や雰囲気を評価してみましょう。

- 資料の内容に合ったフォントを選ぶ
- 使用するフォントは2、3種類に抑える
- 情報の役割と重要性で使うフォントを変える

▼異なるフォントを組み合わせた例。統一感が損なわれて散漫な感じがする。上から「MS明朝、HGP行書体、游ゴシック体とStencil」

▼似たフォントでまとめた例。統一感が出て元気さを感じる。上から「HGPゴシックE、HGP創英角ゴシックUB、游ゴシック体とSegoe UI」

書体とフォントとウエイト

文字の種類を**書体**といい、明朝体やゴシック体、楷書体など多くのものがあります。ゴシック体であれば、「MSゴシック」「MSPゴシック」といった1つ1つを**フォント**といいます。フォントは、ウエイト（文字の太さ）が細くデザインされたものから極太までのラインナップが用意されています。いくつかのウエイトを含めたセットを**フォントファミリー**と呼びます。

具体的なフォント選び

カジュアルな内容ならメイリオやゴシックM、落ち着いた雰囲気なら游明朝などを選ぶのが1つのアイデアです。使用するフォントは、フォントファミリーから選ぶと統一感が出ます。例えばMSゴシックとHG創英角ゴシックUB、MS明朝とHG明朝、游ゴシックと太字の組み合わせが適当です。そして、見出しやキーワード、キャプションに強いフォントを使うと、情報に差異ができて読みやすくなります。

Before 統一感のないアンバランスなデザインだ

タイトルはHGS創英角ポップ体、見出しはメイリオ、本文は英数字も含めてMS明朝

多くのフォントが混在している
印象が異なるフォントをたくさん使うと、統一感のないデザインになる。当然、意図が感じられず、伝わらない資料になってしまう。

企画の概要

1. 狙い　　　　下期のテコ入れ策として「秋の超感謝祭」を開催します。本企画はO2O(Online to Offline)でネット上からリアル店舗へ消費者を誘導するプロモーションです。破格のプライスと多くの仕掛けで集客します。

2. 受付期間　　2016年10月21日(金)～23日(日)

3. 対象商品　　複合機シリーズ含めた計25機種

4. 告知方法　　ホームページと新聞にて告知

After 2種類の日本語フォントだけで格調高くなる

相性を考えて英数字をTimes New Romanにしている

フォントの美しさを引き出した
日本語フォントはHGS明朝EとMS明朝の2種類だけ。フォントの特徴をつかめば、たったこれだけで読みやすさがアップする。

企画の概要

1. 狙い　　　　下期のテコ入れ策として「秋の超感謝祭」を開催します。本企画はO2O(Online to Offline)でネット上からリアル店舗へ消費者を誘導するプロモーションです。破格のプライスと多くの仕掛けで集客します。

2. 受付期間　　2016年10月21日(金)～23日(日)

3. 対象商品　　複合機シリーズ含めた計25機種

4. 告知方法　　ホームページと新聞にて告知

37 長い文章を読みやすくしよう

Key word
段組み

説明を要する資料は、どうしても文字量が増えます。単純にテキストボックスに文字を流し込むだけでは、1行が長くなり行間も狭くなります。1行が長いと読んでいくテンポが悪く、行間が狭いと次に読む行がわかりにくくなります。何かしらの工夫が必要です。

段組みで1行を短く整える

　増え過ぎた文字量の解決策には、**段組み**が有効なテクニックになります。段組みとは、テキストボックス内の文章を複数の段に分けて表示すること。1行が短くなるため、一気に読みやすくなります。

≫ 雑誌のレイアウトでは常識

　一般に、雑誌のコラムやブログなど読ませるのが主体の媒体は、段数を少なくして視線の移動を抑えています。一方、情報量が多い情報誌などでは、2段以上のレイアウトでにぎやかな印象を狙っています。

　パワポで段組みを作るのは簡単です。段組み機能が用意されていますので、段数と段間の余白（マージン）を指定するだけです 操作 。

　段組みは、テキストボックス内のある行数だけを段組みにすることもできます。レイアウトに変化を付ければ、読み手が興味を持って読んでくれることでしょう。

▼[段組み]ダイアログボックスでは段の数と間隔を指定できる

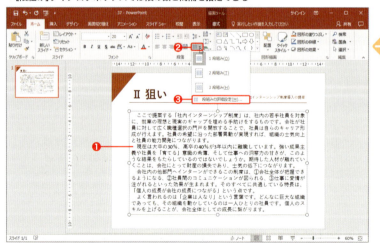

操作
段組みを設定する

❶テキストボックスを選択するか、行を範囲指定する→❷[ホーム]タブの「段落」にある[段の追加または削除]→❸一覧から[2段組み]などを選択

Before　横幅いっぱいの行では読む気が失せる

Ⅱ 狙い　　　　　　　　　　　　　　　　社内インターンシップ制度導入の提案

　ここで提案する「社内インターンシップ制度」は、社内の若手社員を対象に、就業の理想と現実のギャップを埋める手助けをするものです。会社が社員に対して広く職種選択の門戸を開放することで、社員は自らのキャリア形成が行えます。社員の希望に沿った部署異動が実現すれば、組織の士気向上と社員の能力開発につながります。
　現在は大卒の30％、高卒の40％が3年以内に離職しています。強い成果主義や社員を「育てる」意識の希薄、そして仕事への洞察力の甘さが、このような結果をもたらしているのではないでしょうか。期待した人材が離れていくことは、会社にとって財産の損失であり、士気の低下につながります。
　会社内の他部門へインターンができるこの制度は、①会社全体が把握できるようになる、②社員間のコミュニケーションが図られる、③仕事に愛情が注がれるといった効果が生まれます。そのすべてに共通している特長は、「個人の成長が会社の成長につながる」という点です。
　よく言われるのは「企業は人なり」という言葉です。どんなに巨大な組織であっても、その組織を動かしているのは一人ひとりの社員です。個人のスキルを上げることが、会社全体としての成長に繋がります。

> 読みやすい游ゴシックでも、1行34文字は長すぎる

> **誰だって読みにくい**
> パワポの初期値は行間が狭いので、1行の文字数が多いと視線の移動がつらい。1行の長さを短くしてテンポよく読ませたいところだ。

After　1行が短いと、文字を目で追いやすくなる

Ⅱ 狙い　　　　　　　　　　　　　　　　社内インターンシップ制度導入の提案

　ここで提案する「社内インターンシップ制度」は、社内の若手社員を対象に、就業の理想と現実のギャップを埋める手助けをするものです。会社が社員に対して広く職種選択の門戸を開放することで、社員は自らのキャリア形成が行えます。社員の希望に沿った部署異動が実現すれば、組織の士気向上と社員の能力開発につながります。
　現在は大卒の30％、高卒の40％が3年以内に離職しています。強い成果主義や社員を「育てる」意識の希薄、そして仕事への洞察力の甘さが、このような結果をもたらしているのではないでしょうか。期待した人材が離れていくことは、会社にとって財産の損失であり、士気の低下につながります。
　この制度は3つの効果が生まれますが、共通する特長は、「個人の成長が会社の成長につながる」という点です。
　よく言われるのは「企業は人なり」という言葉です。どんなに巨大な組織であっても、その組織を動かしているのは一人ひとりの社員です。個人のスキルを上げることが、会社全体としての成長に繋がります。

個人の成長：会社全体が把握できるようになる ＋ コミュニケーションが図られる ＋ 仕事に愛情が注がれる ➡ 会社が成長する

> 先に文字量を減らして、図解する工夫も必要だ

> **2段組みにした**
> ここは2段組みで段間を1cmにしてみた。1行が短いと、行間が多少狭くても読みににくく感じなくなる。すっきりして読む意欲がわいてくる。

38 書き出し位置を揃えよう

Keyword
タブ
インデント

書き出し位置が揃っている文章は、それだけで安心します。レイアウトから作り手の気配りが感じられるからです。文字を揃える作業をする際に、理解しておきたい機能が**「タブ」**と**「インデント」**です。行内で文字を揃えるために必要になる機能です。

行内の文字を美しく見せよう

タブは書き出し位置を4文字目に揃えたり、10文字単位で文字を配置するもの。Tab キーを押すたびにカーソルがジャンプしますので、その位置に文字を合わせる機能です。使い勝手はいいのですが、タブ間隔を超える文字数があるとデコボコになることも。不規則な文字揃えは、ジャンプする文字数を**タブルーラー**で設定すると便利です【操作】。

一方、**インデント**は主に行の左端や右端を揃える機能で、行頭の1文字をずらす**字下げ**や、2行目以降の先頭文字を下げる**ぶら下げ**などが設定できます。ただし、プレゼンスライドでは、必ずしも1字下げた段落が美しいとは限りません。作成する資料の内容や文字量によって、上手に設定を変えて使い分けたいところです。

▼[タブセレクタ]ボタンを切り替えて揃えのボタンを選ぶ

【操作】
右揃えのタブ位置を決める
❶文字位置を揃えたい文章を選択→❷ルーラー左端の[タブセレクタ]ボタンを何度かクリックして右揃えタブを表示する→❸タブ揃えしたい位置のルーラーをクリック→❹右揃えのタブマーカーが表示される→❺文字の選択を解除する→❻カーソルを文字の先頭に移動して Tab キー→❼カーソルから後ろの文字列がタブ位置まで移動する→❽同じ操作を繰り返して文字を揃える

表内は Ctrl + Tab キー
表の中では Tab キーを押しても、カーソルが次のセルに移動するだけです。表のセル内でタブ位置に文字を揃えるには、Ctrl + Tab キーを押してください。なお、設定したタブマーカーを解除するときは、タブマーカーをスライド画面内へドラッグします。

Before 数値の桁が揃っていないため比較しにくい

■ 空き家が3割の時代へ

新設住宅着工戸数の減少と、それを上回る世帯数の減少により、住宅の除却や減築が進まない場合、2033年には空き家が2,000万戸を超える予測が出ています。

年	空き家率	空き家数	総住宅数
2013年	13.5%	819万戸	6,062万戸
2018年	16.9%	1,075万戸	6,365万戸
2023年	21.0%	1,394万戸	6,637万戸
2028年	25.5%	1,757万戸	6,884万戸
2033年	30.2%	2,146万戸	7,106万戸

■ リフォーム事業で主役を狙う

住宅市場が新築から中古へとシフトすれば、住宅大手以外にチャンスが生まれ、リフォームが大きな仕事になっていきます。以下は事業アイデアです。

- 中古マンション1棟買い取り → 改修販売
- 著名デザイナー使用 → 内装監修
- リフォーム後の売却・賃貸 → 資産活用の指南

数値の頭揃えは見づらい
Spaceキーで1文字ずつずらすのは厳禁

Tabキーだけでは限度がある
項目の書き出し位置は揃っているが、数値の桁は揃っていないので見にくい。Tabキーを使うだけでは、文字が頭揃えになってしまう。

After 数値の桁が揃うと、見やすい、比較しやすい

■ 空き家が3割の時代へ

新設住宅着工戸数の減少と、それを上回る世帯数の減少により、住宅の除却や減築が進まない場合、2033年には空き家が2,000万戸を超える予測が出ています。

年	空き家率	空き家数	総住宅数
2013年	13.5%	819万戸	6,062万戸
2018年	16.9%	1,075万戸	6,365万戸
2023年	21.0%	1,394万戸	6,637万戸
2028年	25.5%	1,757万戸	6,884万戸
2033年	30.2%	2,146万戸	7,106万戸

■ リフォーム事業で主役を狙う

住宅市場が新築から中古へとシフトすれば、住宅大手以外にチャンスが生まれ、リフォームが大きな仕事になっていきます。以下は事業アイデアです。

- 中古マンション1棟買い取り → 改修販売
- 著名デザイナー使用 → 内装監修
- リフォーム後の売却・賃貸 → 資産活用の指南

タブマーカー設定後はTabキーで揃える

ここはタブ揃えボタンを使わず、Tabキーを2回使って揃えてある

右揃えタブは3箇所
右揃えタブを行内の3箇所に設定した。
すべての数値が右揃えになり、美しく読みやすくなった。タブマーカーの位置を離して設定すれば、文字間隔も広げられる。

39　差異を付けて強調しよう

Keyword
差異

資料は見てもらうために作るものですから、意識して演出することも考えなければなりません。デザインに変化やリズムを作ったり、特定の箇所を強調したいときは他の情報要素と比べてサイズや色、かたちに差異を付けてみましょう。

▍自然に目に留まる違いを演出する

メリハリとは、文字や写真といった情報要素の大きさや強さを「同じにしない」ようにすること、つまり**差異を付ける**ことです。

私たちは差異によって、驚き感心を寄せます。美しい女性が実は「男」だったり、美味なランチの値段がワンコインだったら、そのギャップに驚くことでしょう。資料のデザインにおいても、差異を付けることで強弱が出て単調さが解消できます。

フォントを変える。ウエイト（文字の太さ）を変える。要素間の大小の差を広げる。余白を大きくする（114ページを参照）。色の彩度や明度の差を大きくする。アイコンや罫線でワンポイントの変化を作る。

このようなことを意識してレイアウトしましょう。ただし、過剰にやってもメリハリは付きません。自然に目に留まるように、ほかとの違いを作ることがポイントです。

▼本文の下線などは、とても目障りでうっとうしい
▼色文字なら上品な差異を出すことができる

太字、下線、斜体は使わない

よく太字や下線、斜体を使った資料を見かけますが、ビジネス資料にこれらの装飾は不要です。問題なのは、これらの装飾によって文章のリズムや紙面のトーンが崩れ、視線の流れが滞ることにあります。目障りで集中して文字を追うことができませんので、読み手にとっては不快になります。

Before 文字を並べただけでまったく興味が湧かない

ゆっくりペースと少人数で歩く!!
急に予定が空いたら。
心を元気にしたくなったら。
ふらっと気軽に参加しよう！

水と緑の江戸を想う

関東の草深い僻地だった東京。そんな土地が徳川幕府の大規模な都市開発により、美しく機能的な環境都市へと発展しました。世界中から称賛された魅力あふれる「江戸」。数多く残る史跡を中心に水と緑をたどるウォーキングツアーです。

[形態]　日帰りウォーキングツアー
[出発地]　東京23区
[エリア]　上野・神田・日本橋
[出発月]　2016年10月・11月
[添乗員]　2名

> **メリハリのない レイアウトだ**
> ただ上から下へ並べてあるだけでメリハリがない。したがって、面白味やリズム感も出てこない。情報に強弱がないことが原因だ。

After 「大きく」と「小さく」で強いメリハリが生まれた

急に予定が空いたら。心を元気にしたくなったら。ふらっと気軽に参加しよう！

> **タイトルは思いっきり 大胆にする**

水と緑の江戸を想う

関東の草深い僻地だった東京。そんな土地が徳川幕府の大規模な都市開発により、美しく機能的な環境都市へと発展しました。世界中から称賛された魅力あふれる「江戸」。数多く残る史跡を中心に水と緑をたどるウォーキングツアーです。

[形態]　日帰りウォーキングツアー
[出発地]　東京23区
[エリア]　上野・神田・日本橋
[出発月]　2016年10月・11月
[添乗員]　2名

> **文字と写真に強弱を 付けた**
> タイトルを「これでもか！」と大きくしたのでインパクト十分。各情報にメリハリが効いているのでリズム感や楽しさが出ている。

40 ページ構成にメリハリを付けよう

Keyword
背景

プレゼンが同じテンポで進むと、聴衆は飽きてしまいます。これは、印刷資料を読む場合も同じです。同じフォーマットで資料を構成すると統一感は出ますが、何ページも続くとさすがに退屈です。そこで、あくまでも統一感のあるルールを守った上で、流れにメリハリを持たせてみましょう。

▌背景を変えてダラダラ感を解消する

資料説明の飽きを解消する最も簡単な方法は、印象の強い色を使って**背景の色を変えたり**、写真やテクスチャを敷いて**背景のデザインを変える**ことです 操作。

このような明らかに違うレイアウトを挟んでおくと、メリハリが付いて見る側の気持ちがリセットされます。新しい話題に入るときや、そこまでのまとめを話したいときなどに使うといいでしょう。

また、写真と解説文のセットを何ページも繰り返す場合もあるでしょう。同じリズムを意図的に外すように、その中の1つだけを「写真と文章の位置を逆にする」といったテクニックも効果的です。読み手の展開の期待を裏切ることで驚きが生まれ、展開の緊張感も保たれます。

▼背景の色を変えると変化が出る

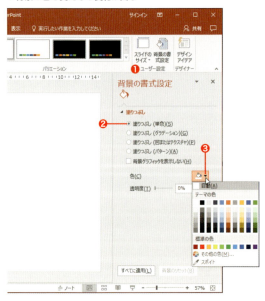

操作
スライドの背景を変更する

[パワポ2013/2016]
❶[デザイン]タブの「ユーザー設定」の[背景の書式設定]→❷[背景の書式設定]ウィンドウの「塗りつぶし」の「塗りつぶし(単色)」などをオン→❸「色」の▼をクリック→❹色パレットから色を選択

[パワポ2010]
❶[デザイン]タブの「背景」の[背景のスタイル]→❷表示されるパターンから選ぶか、[背景の書式設定]を選択→❸以降は、パワポ2013/2016の手順❷以下と同様

Before 淡々と続く同じレイアウトは興ざめだ

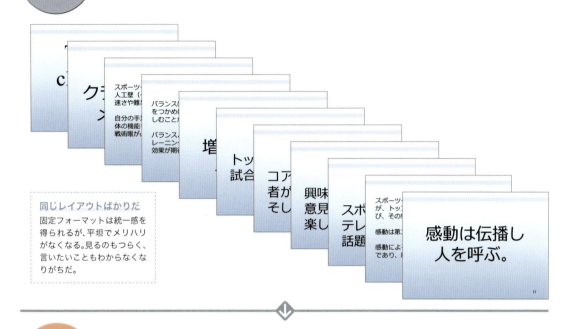

同じレイアウトばかりだ
固定フォーマットは統一感を得られるが、平坦でメリハリがなくなる。見るのもつらく、言いたいこともわからなくなりがちだ。

After デザインの異なるスライドでメリハリが付く

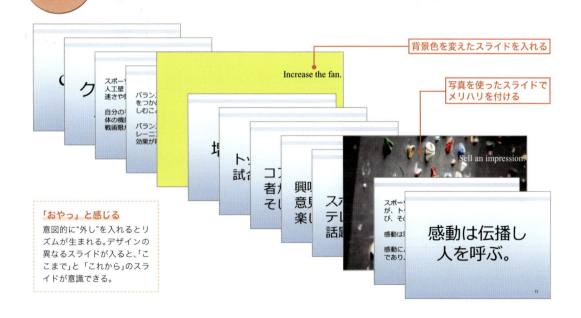

背景色を変えたスライドを入れる

写真を使ったスライドでメリハリを付ける

「おやっ」と感じる
意図的に"外し"を入れるとリズムが生まれる。デザインの異なるスライドが入ると、「ここまで」と「これから」のスライドが意識できる。

41 大小の差を作って印象を決める

Key word ジャンプ率

レイアウトする情報要素は、「大きく見せるか」「小さく見せるか」の差によってメリハリが生まれます。この大きい部分と小さい部分の比率を**ジャンプ率**と言います。ジャンプ率が高いと躍動感が出て、ジャンプ率が低いと落ち着きのある上品な印象になります。

ジャンプ率でプロっぽく見せる

　文章が多くなる資料でもジャンプ率は役に立ちます。タイトルや見出し、キーワードといった一点を極めて大きく扱い、ほかの情報を小さくさせてみましょう。紙面を埋める文章の中に見るべきポイントが生まれ、読み手はそこに集中するようになります。ジャンプ率を効果的に使えば、一気にメリハリが付いて訴求力が高まるのです。

　プレゼンを中心とした資料では、フォーマルな雰囲気を狙ってジャンプ率を低くするよりも、タイトルや見出しと本文とのジャンプ率を高めるほうがいいでしょう。全体像が視覚的にはっきりして、ストーリーと構造がつかみやすくなります。

　具体的には、文字サイズは5〜10ポイント以上の差を付けるとメリハリが出て、訴求率が一気に高まります。

▼写真のジャンプ率がない例

糖の吸収を抑える
機能性表示食品の販売計画

これまで培ってきた薄膜技術を活かして、極限まで不純物を削ぎ落とし、長期間成分を安定させるコラーゲンに関する技術に転用します。専門メーカーでないことで、大胆な発想でヘルスケア商品を開発できます。
糖の吸収を抑える機能性が報告されている成分の有用性は、すでに検証済みです。つい糖分が多い食事に偏りがちな方の健康的な毎日を応援します。

整理されているが、強弱がなく訴求ポイントが曖昧だ
写真のかたちとサイズが均一で、安定感が感じられる。しかし、並ぶだけの写真からは、声高の強いメッセージは感じられない。

▼写真のジャンプ率が高い例

糖の吸収を抑える
機能性表示食品の販売計画

これまで培ってきた薄膜技術を活かして、極限まで不純物を削ぎ落とし、長期間成分を安定させるコラーゲンに関する技術に転用します。専門メーカーでないことで、大胆な発想でヘルスケア商品を開発できます。
糖の吸収を抑える機能性が報告されている成分の有用性は、すでに検証済みです。つい糖分が多い食事に偏りがちな方の健康的な毎日を応援します。

写真に強弱とリズムが出て、とても印象的になる
2つの写真を大きくして裁ち落としで配置した。紙面の半分を占める2つの写真はインパクト十分で、文章との関係性も気になってくる。

Before　落ち着き過ぎて印象に残らない

使用フォントは游明朝と同ボールドのみ

今後のデイサービスはどう変わる？

●多様な生活支援サービスが誕生
市町村が中心となって、地域の実情に応じて多様なサービスが提供されます。利用者にとっては、効果的で効率的、そして質の高いサービスが受けられるようになります。

●サービス単価は市町村が決定できる
現在の予防給付と違い、サービスの単価を市町村が決めるようになりました。市町村によっては徐々に単価を引き下げていく可能性もあり、利用者の負担が軽減されます。

●機動力が問われる地域密着型サービス
小規模型の通所介護事業所の位置付けが見直され、市町村が指定する地域密着型サービスへ移行しました。機動力や柔軟性のある事業者にとっては、大きなチャンスです。

可もなく不可もなく
項目に丸印が付いて適度に整理されているが、平坦で面白みのないレイアウトだ。どこがポイントになるかもわかりづらい。

After　ジャンプ率の高低でコントラストが生まれた

使用フォントは40ポイントのHGP明朝Bと14ポイントのMS明朝の2種類

今後のデイサービスはどう変わる？

多様な生活支援サービスが誕生
市町村が中心となって、地域の実情に応じて多様なサービスが提供されます。利用者にとっては、効果的で効率的、そして質の高いサービスが受けられるようになります。

サービス単価は市町村が決定できる
現在の予防給付と違い、サービスの単価を市町村が決めるようになりました。市町村によっては徐々に単価を引き下げていく可能性もあり、利用者の負担が軽減されます。

機動力が問われる地域密着型サービス
小規模型の通所介護事業所の位置付けが見直され、市町村が指定する地域密着型サービスへ移行しました。機動力や柔軟性のある事業者にとっては、大きなチャンスです。

紙面にリズムとアクセントが出た
ジャンプ率を高くしたので訴求ポイントが明確になった。元気で迫力ある印象になり、眺めるだけで瞬時に情報が探し出せる。

42 アイコンに語らせてみよう

Key word
アイコン

情報をひと目でパッと伝えるには**アイコン**が便利です。交通標識やピクトグラム、パソコンのファイルアイコンのように、アイコンは直感的で感覚的です。したがって、情報をシンボル化してすばやく伝えるには、最適な表現方法と言えます。アイコンに語らせてみましょう。

アイコンひとつでデザインが変わる

例えば、工具の「スパナ」のアイコン1つから工事や機械、DIYが表現でき、説明のつかみとして注目させられます。また、文章を短くさせる効果も期待できますから、レイアウトの自由度が高まります。

アイコンは情報を簡潔に見せるとともに、紙面を魅力的にするワンポイント演出の効果もあります。最適なアイコンを適切な場所で使えば、資料の内容は格段に読みやすくわかりやすくなっていくでしょう。

漢字変換の候補の環境依存文字を使うこともできますが、種類が少なく気が利いたものがありません。巷のWebサイトには、無料のアイコンがたくさん公開されています。よく使いそうなものや気に入ったものがあれば、その都度ダウンロードしてパソコンに保存しておくといいでしょう。

▼図形を重ねてアイコンを作る

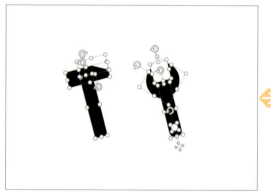

▼すべての図形をグループ化して保存する

画像を挿入する

❶[挿入]タブの「画像」にある[画像]→❷[図の挿入]ダイアログボックスが表示されたら保存先を選択し、挿入する画像ファイルを選択→❸[挿入]ボタン

オリジナル図形をアイコンにする

本来、自分で作った画像をアイコンに使えたら便利ですが、「絵心がない」「作成ツールがない」といった理由で躊躇する人もいるはず。図形を組み合わせてアイコンにすれば簡単です。
図形を重ねて目的の形状を作ったらグループ化し、右クリックしてメニューの[図として保存]を選んで保存します。複雑なアイコンは作れませんが、視線を誘導するアイコンとしての役割は、十分に果たせます。

Before　文字だけが並んでいるスライドだ

女性に聞いた
クリスマスプレゼントで
欲しい物ランキング

1位	アクセサリー	（36%）
2位	ディナー予約	（27%）
3位	バッグ・財布	（12%）
4位	腕時計	（9%）
5位	ファッション小物	（5%）

どう見ても味気ない
言いたいことはトップ5の内容。文字を並べてもわかるが、インパクトや訴求力がなくてプレゼンとしての魅力に乏しい。

After　アイコンを置くだけで視覚的にわかりやすくなる

女性に聞いた
クリスマスプレゼントで
欲しい物ランキング

1位	💍	アクセサリー	（36%）
2位	🥂	ディナー予約	（27%）
3位	👜	バッグ・財布	（12%）
4位	⌚	腕時計	（9%）
5位	🧴	ファッション小物	（5%）

これなら見る気になる
アイコンは言いたいことや内容をシンボル化するので、図柄を見るだけで理解できる。デザインの質も上がったように見える

43 特徴のある文字で注目させる

Keyword
文字変形

アイキャッチのように、文字をビジュアルとして印象的に見せたいときがあります。ここで便利なのが「ワードアート」です。リボンにはいくつかのスタイルが用意されていますが、センスのいいものはありません。インパクトとシャープさで注目させたいならば、**文字を変形**させましょう。

文字を変形してインパクトを出す

自分で文字を変形させると、テキストボックスの大きさに合わせて枠いっぱいに拡大されます 操作 。文字サイズを上げることでは表現できない太さと大きさは、インパクト十分です。

さらに、ピンクの調整ハンドルをドラッグすると、角度や太さが調整できます。影や反射、文字の輪郭（袋文字）などと組み合わせれば、ユニークさを際立たせることができます。

ただし、変形し過ぎて読みにくくなっては本末転倒ですから、読みやすいかたちを選ぶようにしましょう。また、多用してもいけません。「ここぞ！」という箇所に使ったほうが効果的です。キャッチコピーで勝負するレイアウトや、キーワードに注目させたい紙面で使ってみましょう。

▼図上：図に変換後、図スタイル(四角形、右下方向の影付き)、色変更を適用した例

▲図下：図に変換後、図スタイル(回転、白)を適用した例

操作
文字を変形する

❶変形したいテキストボックス選択→❷[描画ツール]の[書式]タブの「ワードアートのスタイル」にある[文字の効果]→❸[変形]をポイントし、希望する変形の形状を選択

文字を図に変換する

文字を「図」として扱うこともできます。図にすると、アート効果を施したり凝ったスタイルを適用するなど、一段と表現のバリエーションが増えます。テキストボックスを右クリックし、メニューの[図として保存]を選択します。あとは、図として保存した文字(画像)をスライドに挿入すれば、普段の画像と同じように扱えます。

Before　中央のタイトルは60ポイントにしただけ

就業規則を変更してテレワークを推進し、育児や介護などで会社に出社して働くのが難しい社員の能力を活用しやすくする。柔軟な働き方は離職率の減少と労働生産性の向上に効果がある。

新しい働き方への挑戦

1. 前日までに申請すればよい。
2. 最大週5日のテレワークを許可。
3. 一日の一部をテレワークにすることも可能。
4. 自宅以外の場所での業務遂行を許可。

刺激がなくつまらない
タイトルを中央に置いたレイアウト。周りに余白があるので読みやすいが、迫力はイマイチだ。読み手の興味をそそる刺激が欲しいところ。

After　変形と加工でインパクトある文字になった

就業規則を変更してテレワークを推進し、育児や介護などで会社に出社して働くのが難しい社員の能力を活用しやすくする。柔軟な働き方は離職率の減少と労働生産性の向上に効果がある。

新しい働き方への挑戦

1. 前日までに申請すればよい。
2. 最大週5日のテレワークを許可。
3. 一日の一部をテレワークにすることも可能。
4. 自宅以外の場所での業務遂行を許可。

変形(四角)を選択し、拡大と反射(弱・オフセットなし)などを施した

魅せるタイトルになった
文字の変形と加工をして大胆なタイトルにチェンジしてみた。「働」の1文字だけを赤色にしたので全体が明るく元気に見える。

44 写真を加工して印象的に見せよう

Key word
写真加工

ビジネス資料ではいろいろな**写真**が使われます。製品紹介には実物写真、市場調査には店内や街の風景などを入れて、事実を表す情報として資料の内容に説得力を持たせることができます。さらにもう一工夫があると、写真の価値が高まり、デザインを魅力的に見せられます。

■「図のスタイル」と「調整」から選ぶ

写真が持つ情報は、写っている内容がすべてです。レイアウトに不慣れな場合は、まずはその情報をストレートに伝えることを優先しましょう。そして少し余裕があれば、スタイルや色を変えたり、パワポが用意しているアート効果を適用して、より印象的に見せる工夫に挑戦してみるのもいいでしょう。

≫パワポの標準機能で大丈夫

写真を加工するには、専用の編集ソフトが必要だと思いがちですが、パワポが標準で備えている編集機能でも不足はありません。さらに思いのほか簡単な操作で、写真を加工することができます。

どのように加工するかは、内容に合った見せ方によりますが、影を付けたり、色を変えたり、傾けるといったことが基本になります。

影を付けたり傾けて被写体の存在を強調し、色を変えたりぼかして余韻や美しさを表現します。平べったい写真を置いておくより、何倍も被写体の存在感が高まります。

まずはこれらの加工操作をして、出来栄えを評価してみましょう。ほとんどの操作は、[書式]タブの「図のスタイル」操作1 と「調整」操作2 から実行できます。

操作1
写真のスタイルを変える

❶写真を選択→❷[図ツール]の[書式]タブの「図のスタイル」にある[シンプルな枠、白]などを選択

操作2
写真をセピア色に変える

❶写真を選択→❷[図ツール]の[書式]タブの「調整」にある[色]→❸「色の変更」の[セピア]を選択

Before せっかくの写真が魅力的に見えない

写真の位置とサイズが不揃いだ

文字と写真がバラバラだ
5つの写真を配置しただけのレイアウトなので、全体が散らかった印象になっている。写真をコンパクトに見せた方が、まとまり感が出るはずだ。

After セピア色とカラーの写真で趨勢や時代を表した

5つの写真が規則正しく収まっている

写真をコンパクトにまとめた
色をセピア色に変え、1つだけプリント風に加工後、斜めに傾けて変化を付けた。写真同士の距離はトリミング（120ページを参照）でサイズを整え、一定に揃えている。

45 「次はココ」と読む順番を導こう

Key word
誘導

資料は読む順番を指し示すことで、自然と読み手を自分が考えるストーリーに誘い入れることができます。淀みのない流れになっていれば、誰もが自然に内容を追っていけるわかりやすい資料になっていると言えるでしょう。自分のフィールドに読み手を誘い込めれば、プレゼンの成功率が上がります。

■ 淀みなく読めるように作ろう

自分が意図した通りに読み進めてもらえれば、主旨をわかってもらえる確率が格段にアップします。Z型の視線の動きを意識してレイアウトすれば、読み手は負担なく内容を追いかけられます（62ページを参照）。

ただし、「次はココを読んで！」と言いたいこともあるでしょう。意図的に読む順番を指示したいときは、矢印や三角形のような方向を表す図形を使って視線の流れを作りましょう。

》大きな流れと小さな流れを意識する

具体的には、紙面内の情報要素をざっくり配置し、最初に全体の大きな流れを作り、次に個々の情報の関係性がわかる小さな流れを作っていきます。この二段構えで流れを考えると、論理的な思考が整理されて、読み手が納得するストーリーに仕上がります。

同時に、資料は1ページに1メッセージが原則ですから、読み手の視線が行き着く先は「そのページの結論」です。必ず、そのページで言いたいことを「流れの終点」に記述しましょう。

▼ 三角形を使って左から右へ流す

▼ ブロック矢印で左から右、下へ流す

大きな流れは角度を小さくする
方向を示す図形は、「三角形」や「ブロック矢印」を使うのが適当です。「矢印」は線が細くて見にくく、「カギ線コネクタ」はカクカクするので追いかけづらくなります。AからBへ誘導する場合は、2つの要素の距離感に注意して中央に三角形などを配置します。

▼ 上から下の流れの中に小さな流れがある

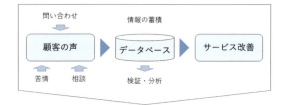

「ホームベース」や「山形」は便利
小さな流れを包み込むには、「ホームベース」や「山形」といった図形が便利です。鋭角な図形を多く使うと、早急で忙しい流れになってしまいます。できるだけ角度のない図形のほうが、ゆったりとした大きな流れが表現できます。

Before　読む情報と見る情報が完全に分かれている

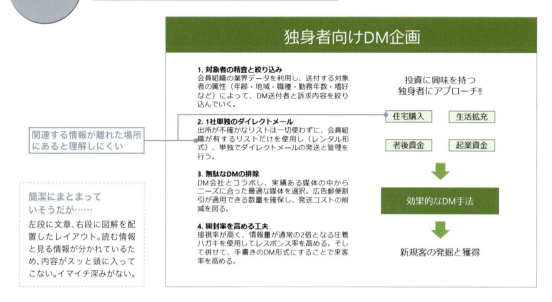

関連する情報が離れた場所にあると理解しにくい

簡潔にまとまっていそうだが……
左段に文章、右段に図解を配置したレイアウト。読む情報と見る情報が分かれているため、内容がスッと頭に入ってこない。イマイチ深みがない。

After　読む情報が迷わないようにした1枚企画書

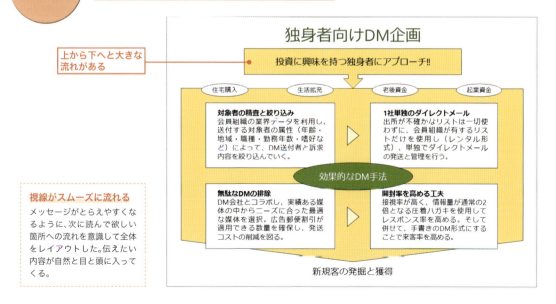

上から下へと大きな流れがある

視線がスムーズに流れる
メッセージがとらえやすくなるように、次に読んで欲しい箇所への流れを意識して全体をレイアウトした。伝えたい内容が自然と目と頭に入ってくる。

111

column

やっぱりスライドサイズを変えたい！
少しだけ気をつけたいことがある

●レイアウトが崩れないように注意しよう

　資料の内容を作り始める前に、スライドサイズを決めておくのが基本ですが、作業途中にサイズを変えたくなったり、既存のスライドを流用することもあるでしょう。あとからスライドサイズを変更すると、内容が正しくモニターに投影できなくなる場合があるので注意が必要です。

　スライドサイズを変更するには、[デザイン]タブの「ユーザー設定」にある[スライドのサイズ]をクリックし、変更するサイズを選択します。すると、下図にある右のような画面が表示されます。

　ここで[最大化]を選ぶと、変更後のスライドサイズに合わせて、コンテンツをできるだけ大きく表示するように自動調整してくれます。しかし、コンテンツがスライドに収まらない場合もあります。

▼ワイド画面のスライドを「標準(4:3)」にサイズ変更する

　一方、[サイズに合わせて調整]を選ぶと、変更後のスライドサイズに合うようにコンテンツを縮小します。すべてのコンテンツが収まるものの、内容によっては余白が大きく出る場合があります。

　いずれを選んでもそのままにしないで、レイアウトが崩れていないかをしっかりチェックしておくようにしましょう。

▼大きな余白ができる場合もある

Part 7

メッセージを魅力的に見せたい。
少しだけデザインを意識してみよう!

見栄え、迫力、美しさ。
相手があっての資料だからこそ
デザインをおろそかにできない。
さあ、文字だけの資料から卒業しよう。

46 ゆとりと緊張感を作り出そう

Key word
余白

紙面の**余白**とは、埋めるべき場所ではなく、作り出す場所。文章や写真などと同様に、大切なデザインの1要素です。上手に扱えば、要素の優先度と重要度をハッキリさせてくれます。意識して余白を作って、上品やカッコイイといった紙面の印象をコントロールしてみましょう。

▎余白は大切なデザインの1要素

何気なく雑誌を眺めていて、「ゆったりしていてイイ感じ」と思ったことはありませんか？そんな紙面は、十分に余白を取ったレイアウトになっていることが多いことでしょう。

余白とは、デザイン要素が何もない領域のことです。文章の周りに余白があるとゆとりが出て、逆に余白がないと窮屈に感じます。

ゆとりと緊張感を生み出す余白は、上品なイメージや空間、奥行きを作り出すことができます。広い余白にキーワードを置いて、読み手の視線を集めることも可能です。

スライドに空きがあると、「何か入れないと……」と不安になり、大して重要でもない情報を入れてしまいがちです。でも、これはまったくの逆効果。情報の詰め込み過ぎで「わからない」資料になってしまう典型です。むしろ、情報がない箇所（余白）があるから、情報のある場所に視線が向くのです。

余白を意図的に作り出す

余白は何もない部分を意図的に作って、紙面のバランスや雰囲気をコントロールするものです。「周りに何もない」ところに情報があることで、その存在が際立ちます。余白の効果は、主に次の3点に絞られます。

❶高級感やハイクオリティー、洗練された印象が強くなる
❷余白を対比させることで、構成要素の密度を高く見せられる
❸余白を効果的に使えば、文章や写真などの要素を際立たせられる

▼要素を中央に集め、余白を左右に等しく取った例。均一の横幅にすべてが収まって、洗練された印象になっている

▼紙面半分を使った写真を印象的に見せた例。余白を広く取って、タイトルと4行の文章だけで訴求している

Before　たくさんの要素に目移りして、肝心の内容が伝わってこない…

エイジ60の厨房訪問

オトコ60歳から始める
料理教室の運営企画

料理をしてみたいですか？

写真、イラスト、グラフと要素が盛りだくさん

高齢化が進む中で、将来の"料理難民"になることは避けたいところ。自身の健康管理は、日々の正しい食生活によるところが大きい。いま、歳を重ねた人でも、正しい調理方法と食事の楽しさを学ぶことが求められています。

料理を始めるのに、性別は関係ありません。とはいっても「女性ばかりの中では気がひける」「若い人が多いとイヤだ」という方は多いもの。同じ年代の人がいれば、気持ちよく講習に参加できることでしょう。

本企画は、60歳を過ぎた男性に料理を教える教室の運営企画です。包丁の持ち方、ごはんの炊き方から始まり、初心者のペースで 和洋中の人気料理を作ります。料理作りを通して、豊かな人生を送る手伝いをします。

情報がテンコ盛りだ
あれもこれもと欲張って入れてはダメ。要素を入れ過ぎると、混雑感、窮屈感ばかりを感じてしまい、読みたくない資料になってしまう。

After　余白を作ると余裕が生まれて、読むべき箇所が明確になる！

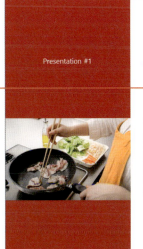

Presentation #1

エイジ60の厨房訪問

余白が写真を目立たせている

オトコ60歳から始める料理教室の運営企画

高齢化が進む中で、将来の"料理難民"になることは避けたいところ。自身の健康管理は、日々の正しい食生活によるところが大きい。いま、歳を重ねた人でも、正しい調理方法と食事の楽しさを学ぶことが求められています。

料理を始めるのに、性別は関係ありません。とはいっても「女性ばかりの中では気がひける」「若い人が多いとイヤだ」という方は多いもの。同じ年代の人がいれば、気持ちよく講習に参加できることでしょう。

本企画は、60歳を過ぎた男性に料理を教える教室の運営企画です。包丁の持ち方、ごはんの炊き方から始まり、初心者のペースで 和洋中の人気料理を作ります。料理作りを通して、豊かな人生を送る手伝いをします。

見た目がおしゃれだ
周りに余白があると、文字サイズが小さくても文字情報に存在感が出る。写真も同様で、美しさとわかりやすさの両方が表現できるようになる。

47 統一感のあるデザインを作ろう

統一感

デザインに**統一感**があると、紙面に配置した情報要素がうまく調和して、共有したメッセージ性が感じられるようになります。資料の見栄えがセンスアップするだけでなく、読み手が安心して気持ちよく紙面に目を向けてくれるようになります。

ルールがあると調和が生まれる

　ビジネス資料は、主旨が正しく伝わることが重要ですが、美しいデザインであるに越したことはありません。お金と時間があればプロのデザイナーに頼むのも一つの案ですが、内容を吟味しながらストーリーを構築するのが資料作りの要諦ですから、たやすく手放すわけにもいきません。

　たとえ、デザインワークに長けていなくても、見た目が「イイ感じ」と思わせる資料は作れます。それには**統一感のあるデザイン**をすることです。

　統一感のあるデザインは、紙面上に**ルールを設ける**ことで作成できます。例えば、ページをめくったときに、「同じ位置に同じ大きさで見出しがある」「全ページで共通した色や図形が使われている」といったことです。

　デザインにバラバラ感が出てしまうと、メッセージが正しく伝わりませんし、読む気力も削がれてしまいます。次のようなルールを設けて、統一感のあるビジュアルにしてみましょう。

❶ 図形の形状（角や丸み）と使う場所を決める
❷ 社名ロゴやアイキャッチを同じ位置に入れる
❸ 罫線や飾り枠は同じ種類のものを使う
❹ グラフを置く位置は左側、説明は右側にする
❺ イラストのテイストを複数混在させない

ヘッダーとフッター

ヘッダーとフッターを利用して統一感を感じさせるのも有効な手です。[挿入]タブの「テキスト」の[ヘッダーとフッター]をクリックし、表示されるダイアログボックスで設定します。
日付やスライド番号のほか、作成者名や会社名、キャッチフレーズや「社外秘」のようなスタンプを入れてもいいでしょう。ここで設定した情報は、新しいスライドを作ったとき、どのページにも反映されるのが特徴です。

1ページ目にヘッダー情報を入れたくないときはオンにする

Before 調和がないので、メッセージ性が感じられない…

調和が感じられない
写真とイラストのテイストのギャップが、イメージの調和を妨げている。多くのビジュアルからは色や内容の共通情報が見つからず、バラバラ感だけが残る。寄せ集めの印象だ。

After 1つの写真を中心にして、整理感と統一感が感じられる！

1つの写真を中心にして整理感と統一感が感じられる

要素間の調和が取れて「イイ感じ」
使う写真は1点、キーカラーはブルー、文字サイズを小さくして写真との調和を狙った。同じ位置で繰り返されるフッターは、デザインの統一感アップに一役買っている。

48 写真を魅力的に見せよう

Key word
角版
裁ち落とし

写真の最大の特長は、事実や実物をありのままに伝えることです。「そのものズバリ」である写真からは、実態や雰囲気、感情などが即座に感じ取れます。写真を上手く使いこなせば、文字だけでは伝えられないニュアンスを、短時間で狙い通りのイメージにして伝えることができるようになります。

▍角版と裁ち落とし

写真の扱いは、**角版**と呼ばれる四角形の形で使用することが一般的です。収まりがよく安定感が出るために最もよく使われる方法です。背景が写り込むので、撮影された場所の空気感が伝わります。

そして、紙面からはみ出すように置くのが**裁ち落とし**です。裁ち落としにすると、紙面外に写真の続きがあるように感じられ、空間的な広がりや迫力が生まれます。読み手の想像力を刺激する方法です。

≫ 写真の特長を生かして工夫する

ビジネス資料に写真を入れる機会も多いはずですが、ただ「挿入」しているだけのスライドが多いようです。写真の特長を生かして見え方に少しの工夫をしてみましょう。写真が魅力的になって訴求力のある資料に変身していくはずです。

▼角版は、紙面に対して収まりがよく、落ち着いた印象に見える

▼裁ち落としは、広がりや動き、インパクトが出てくる

Before 写真の内容に合った使い方をしているか？

**角版で配置した写真は
オーソドックスな使い方**

**写真によって
見せ方を変えたい**
写真の置き方の基本は、大きく広く使うこと。本例の使い方は間違いではないが、漠然と配置すると、写真素材のよさが上手に表現されず、意図が強く伝わらない場合がある。

低価格ビジネスホテルの事業展開

訪日客の増加で現在の首都圏のホテル需要は高止まりしている。価格帯を抑えたホテルを展開し、新しい顧客層を開拓する。共通ブランド名を付け、運営は外部に委託する。

After 四方裁ち落としにして、空間の広がりを演出！

**四方裁ち落としは、
インパクトの出る使い方**

**天地左右の端いっぱいを
使った**
全面に写真を配置して、空間の広がりが伝わるレイアウトにした。写真をメインに見せたいので、文章を小さくして被写体に被らない位置に配置し直した。

49 写真の素材力で勝負しよう

Key word
トリミング

被写体の特長や魅力をアピールしたいときは**トリミング**するといいでしょう。トリミングとは写真の一部を切り取ることです。不要な背景を削除して狙い通りの構図にしたり、一部をフォーカスした大きな写真に作り直す作業です。見せ方を変えてイメージを操作するテクニックです。

トリミングで情報の伝え方を変える

　トリミングは単に写真の一部を切り取ることではなく、デザインの狙いをはっきりさせるために行うもの。つまり、見せたい情報をはっきりさせる行為です。

　パワポで写真をトリミングするときは、［図ツール］の［書式］タブにある「サイズ」から［トリミング］を使います。写真の四隅と辺に黒太の線が表示されたら、この線や写真をドラッグして残したい箇所をトリミング枠の中に納めます。Esc キーでトリミング処理を決定すれば、枠内だけがくり抜かれた写真が出来上がります 操作1 。

　トリミングの1つである**切り抜き**は、被写体の輪郭に沿って切り取る方法です。写真の背景がなくなって被写体が強調されます。被写体そのものやかたちの面白さが引き立ちますので、動きや楽しさが出て、紙面を演出しやすくなる効果が生まれます 操作2 。

操作1
写真をトリミングする

❶トリミングする写真を選択→❷［図ツール］の［書式］タブの「サイズ」にある［トリミング］→❸一辺をトリミングする場合は、その辺の中心のハンドルを内側へドラッグし、二辺や四辺を同時に同じようにトリミングする場合は Ctrl キー＋ドラッグ→❹トリミングが終わったら Esc キー

▼トリミングで好みの構図に切り取る

操作2
背景を削除する

❶写真を選択→❷［図ツール］の［書式］タブの「調整」にある［背景の削除］→❸マーキーの枠線が表示される。残る部分は元図の色で表示され、削除される部分はマスクがかかっている→❹保持する部分を含み、削除する部分のほとんどを除外するように枠線をドラッグして調整→❺［図ツール］の［背景の削除］タブの「閉じる」にある［変更を保持］をクリック

▼トリミングで不要な背景を削除する

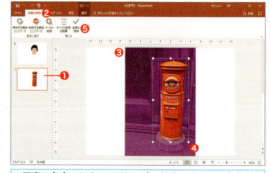

※写真の色合いによっては、一度の操作できれいに背景が削除できない。残したい部分が削除されるときは、［保持する領域としてマーク］をクリックして1つずつ部分を指定する

Before ただ置いただけでは、浮いた写真になることもある

写真が背景の色と文章にマッチしていない

色のあるスライドでは要注意！
一般的な写真は角版で扱われる。背景に何も映っていないような写真でも、色付きのスライドなどに配置すると、このように不自然になってしまうことがある。

After 被写体の輪郭が強調され、紙面に動きが出た！

写真の主役が引き立ち、被写体の魅力が伝わってくる

写真の背景がなくなった
写真の背景を削除して被写体を切り抜いた。背景色のグラデーションに溶け合い、文章が欠けることもなく、きれいなレイアウトに仕上がった。

50 シンプルで美しいデザインにする

Keyword
シンメトリー

仕事で使う資料のデザインに、奇抜さやハイセンスは必要はないので、構図に困ったらシンメトリーにするのがおススメです。**シンメトリー**とは、真ん中に中心線を引いて左右対称や上下対称になるデザインのことです。誰でも「美しい」と感じてしまうレイアウトの王道ルールです。

誰もが美しく感じるシンメトリー

シンメトリーのよさは、対称となる位置にタイトルや文章、写真やグラフなどが配置されるために、全体から安定感と美しさが感じられるようになることです。情報がきっちりと整っている様は、それだけで信頼できる内容である印象を与えます。まさに、ビジネス資料にはうってつけの構図と言えます。

シンメトリーを作るには、上下(左右)の中央にメインのタイトルや写真を置き、そこを起点に見出しや本文、図形などの要素を対称となる位置に配置してます。グリッド線やガイドを表示したり、スマートガイド使ってレイアウトすると便利です(45ページを参照)。

シンプルでエレガントな雰囲気が漂うシンメトリーですが、単調な構図ゆえ「インパクトに欠ける」きらいがあります。そんなときは意識して一部の構図を崩し、**アシンメトリー**(左右非対称)にしてみましょう。すると、紙面に動きが感じられるようになります。

同じレイアウトが続くページ資料の場合、あるページをアシンメトリーにして、大切なキーワードに視線を誘い、読み進めるリズムを整える効果を狙うことができます。

▼シンメトリーで安定感を出す。
　そしてちょっと崩して変化を付ける

▼1点を中心にして回転させた状態の点対称シンメトリー
　少し変化が加わり、緩やかな動きが感じられる

つまらないようなら、変化を加える

シンメトリーは安定感と落ち着きが出る反面、単調な構図でつまらない印象を与えてしまうこともあります。そんなときは、使用する写真のモチーフ(主題)を変えて対比を強調したり、一部の要素に角度や色による違いを付けて対称構図を崩すと、紙面に変化が出ます。

Before

整理感と安定感が見つからないレイアウトだ…

全体がアンバランスだ
2つの写真を裁ち落しで配置しているが、左のテキストボックスと高さ、横幅が揃っていないのでアンバランスに見える。要素を整列させた安定感が欲しい。

シェア型への業態変換のご提案

ポイントは価格とボリューム

　ディナー市場は、楽しさを求める「シェア型」へと移行しています。文字通り、料理をシェアして食べる業態へ転換するにあたってのポイントは、「価格」と「ボリューム」です。

　シェア型は多くの料理を注文しますから、抵抗なくオーダーできる価格が設定されていなければなりません。戦略としての価格を用意し、一品ごとの価格を反映させる必要があります。

　同時に、いくらおいしい料理でも、量が少ない料理はシェアに不向きです。単価とすり合わせた適度な満腹感が不可欠です。

　どのような立地で、どういった客層に照準を当てるかは、以降のページで紹介していきます。

After

落ち着きのあるシンメトリーのレイアウトに！

どっしりとした安定感の極みになった
上段に文章、下段に写真を配置した完全な左右対称のレイアウト。シンプルな構図だが、安定感が出てじっくり文章が読める雰囲気になった。

シェア型への業態変換のご提案

ポイントは価格とボリューム

　ディナー市場は、楽しさを求める「シェア型」へと移行しています。文字通り、料理をシェアして食べる業態へ転換するにあたってのポイントは、「価格」と「ボリューム」です。
　シェア型は多くの料理を注文しますから、抵抗なくオーダーできる価格が設定されていなければなりません。戦略としての価格を用意し、一品ごとの価格を反映させる必要があります。
　同時に、いくらおいしい料理でも、量が少ない料理はシェアに不向きです。単価とすり合わせた適度な満腹感が不可欠です。
　どのような立地で、どういった客層に照準を当てるかは、以降のページで紹介していきます。

51 「美しい」と感じるデザインにしよう

Keyword
黄金比

調和的で美しいとされる比率に<u>黄金比</u>があります。ミロのビーナスや「モナ・リザ」、ギリシアのパルテノン神殿やパリの凱旋門は代表的な黄金比で、誰が見ても「美しい」と感じます。自然界では植物の花弁や貝殻の螺旋構造、身近なものではiPhoneやタバコの箱、名刺も同様です。

■世界で最も有名な黄金比を使う

　黄金比の比率は「<u>1：1.618</u>」です。この比率を使って要素を配置したり、写真や図形のサイズを決めると、安定感や落ち着きが出て美しいレイアウトにすることができます。

　右図は、写真の矩形に黄金比と白銀比（下記参照）を使った例です。いかがですか？　感覚的に美しく見えるでしょう。また、使用する文字サイズを10、16、25、40、64ポイントといった1.6倍ペースで使ってみるのも、一定の効果が期待できます。

　縦横比が変わると見え方が変わりますので、紙面全体に限らず、一部の図解を表現するときや写真を並べるときに利用し、印象に残るビジュアルにしたいものです。

　ただし、黄金比はあくまでも比率であり、その比率をどう表現するかは作り手次第。これくらいのサイズでレイアウトすれば、見た目には黄金比で作成できるということであって、あまりこだわり過ぎると窮屈になってしまいます。

　黄金比がすべての正解でもありませんから、テクニックの1つとして覚えておきましょう。

▼黄金比（1：1.618）

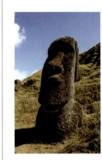

▼白銀比（1：1.414）

日本発祥の白銀比

日本人に馴染みの深いのが<u>白銀比</u>です。法隆寺の五重塔を真上から見た平面図の辺の関係や、A4やB3といった用紙サイズの縦横比に見られます。比率は「<u>1：1.414</u>」で表され、長辺で二等分すると、元の長方形と同じ縦横比になる特徴があります。

Before 写真比率をそのまま使ったオーソドックスなつくりだ…

写真の見え方を変えたい
文字と写真は一定のルールで配置されているものの、デザイン的な魅力は感じられない。要素の縦横比を変えて、見え方に工夫を凝らしたいところだ。

After バランスの取れた美しい構図に変身！

安定感のある構図に仕上がった
上の写真は拡大とトリミングでサイズを調整し、下段と「1：1.618（整数では5：8）」の黄金比にした。下の写真は2つも黄金比だ。安定感のある美しい構図に仕上がった。

52 全体の印象は配色で決まる

Keyword
色

人間の目から入る視覚情報のうち、80％以上が**色の情報**と言われるほど、人が色から受ける影響は大きいものです。読み手が資料を手に取った瞬間、「おっ、イイ感じの色だな」と感じてもらえたならば、内容にも好意的な印象を持ってもらえる可能性が高まります。

期待感をあおる色を選ぼう

読み手の好奇心を高め、メッセージを上手く理解してもらうには、読み手の期待感をあおる色を選ぶといいでしょう。以下のような例が考えられます。

- 所属する組織のコーポレートカラーを使う
- 内容に関わる製品やテーマのキーカラーを使う
- 前向きな気持ちを引き出すなら暖色系を使う
- 論理的思考に訴求するなら寒色系を使う

色の基本は40ページで述べた通りですが、メッセージが伝わる色を見つける必要があります（操作）。色によってそれぞれのイメージと役割が異なりますので、基本を理解して配色のバリエーションを増やしてください。

操作
スポイトツールで色を拾う

［パワポ2013/2016］
❶色を適用したい写真や図形を選択→❷［描画ツール］の［書式］タブにある「図形のスタイル」から［図形の塗りつぶし］→❸［スポイト］を選択→❹マウスポインターがスポイトの形に変わる（右上に四角形が表示される）→❺抽出したい要素の色の上をポイント（右上の四角形に色とRGBが表示される）→❻その色でよければクリック

▼赤は「情熱、強い、興奮、危険」などのイメージ

▼青は「爽快、清涼、冷静、知的」などのイメージ

▼緑は「自然、癒し、環境、平和」などのイメージ

▼黄は「希望、軽薄、安い、注意」などのイメージ

ほかの要素の色を盗む

ロゴや製品の色は、見ただけでは指定色がわかりません。同じ色を使いたいときは、パワポのスポイト機能で色を盗んでしまいましょう。写真や画像があればそれをスライドに挿入し、なければWebページでスクリーンショットを取るなどしてスライドに貼り付け、**スポイトツール**で色を抽出しましょう。

Before せっかくの写真が配色に埋もれてしまっている…

業務改革に向けた
ブリーフィング

◆業務の硬直化が市場スピードに追いつかない
スピーディーにサイクル化する欧米に対し、動きがスローすぎる。経営トップが舵を取り、すぐさま進路を決めるテキパキとした操縦をしていない。

◆消費者の嗜好と要求に応えていない
消費者は個性のある商品を欲している。しかも、同じ性能なら安価なものを選択する賢さを身につけた。意思決定と生産方式を変える必要がある。

◆安価な海外労働力と渡り合う覚悟が欠けている
後進国の製造技術は格段の進歩を遂げている。コスト競争に勝つためには、緻密なサプライチェーンを構築し、コスト削減と生産スピード向上の二兎を追う必要がある。

業務改革推進とシステム構築の見直し

写真のよさが生かされていない
鮮やかなオレンジ色のバラは、さわやかさを伝える素材だ。スライドの背景にオレンジ色を使ったものの角版の写真が独立して見え、ちぐはぐな印象になってしまった。

After 背景を白地にして、バラのオレンジ色を引き立てた

業務改革に向けた
ブリーフィング

◆業務の硬直化が市場スピードに追いつかない
スピーディーにサイクル化する欧米に対し、動きがスローすぎる。経営トップが舵を取り、すぐさま進路を決めるテキパキとした操縦をしていない。

◆消費者の嗜好と要求に応えていない
消費者は個性のある商品を欲している。しかも、同じ性能なら安価なものを選択する賢さを身につけた。意思決定と生産方式を変える必要がある。

◆安価な海外労働力と渡り合う覚悟が欠けている
後進国の製造技術は格段の進歩を遂げている。コスト競争に勝つためには、緻密なサプライチェーンを構築し、コスト削減と生産スピード向上の二兎を追う必要がある。

業務改革推進とシステム構築の見直し

明るくポジティブなイメージになった
写真を断ち落としにして広がりを出し、バラのオレンジ色を配色のメインカラーに置いた。気持ちが明るくなり、前向きな気持ちにさせてくれる。

53 見せたい箇所を色でアピールする

Key word
アクセントカラー

紙面を同系色でまとめると、調和的で統一感が生まれますが、静かで単調になってしまうのがネックです。このようなときは**アクセントカラー**を使ってみましょう。使用している色と対照的なアクセントカラーを加えると、全体が引き締まって読み手の目を引く効果があります。

アクセントカラーを使ってみよう

アクセントカラーは、全体の色調に変化を付けたり、読み手の目を引く役割を持つ色のことです。使用している配色と対照的な色（色相や明度、彩度の差がある色）を選ぶと、はっきりした効果が得られます。

» 単純に赤を使う

デザインの中でアクセントカラーを考えると、話が深くなってしまいます。最も簡単なのは、赤を使う方法です。赤は誰もが"目立つ色"と認識していますから、メインカラーに赤以外を使っている場合は、アクセントカラーに赤を使うのが無難です。

ほかには、メインカラーが緑ならアクセントカラーに赤紫、グレーの中の黄色といったように、使用している色と対照的な色や補色を加えるようにしましょう。

» シンプルにメリハリを付ける

アクセントカラーは目立たせたい箇所に使うものですから、「多くの色を使わないこと」「使用面積は全体の1割程度に抑えること」が大切になります。

また、アクセントカラーは、白があってこそ効果的です。周辺に余白を作るようにすると、よりメリハリが生まれます。

▼キャッチコピーを赤文字にしただけ。自然と視線がそこに行くようになる

▼「人材」の文字だけ茶色にした。白と黒の中でアクセントカラーが目立つ

Before ありがちなグラフだが、目立たず、わからず、つまらない…

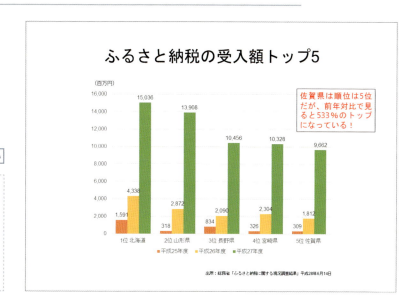

主張したい箇所がわからない

伝えたいのは「佐賀県」の変化のはず
カラフルで几帳面なグラフに仕上がっている。でも伝えたいのは、佐賀県が「順位は5位」「なのに前年対比トップ」だということ。訴求ポイントを絞るべきだ。

After アクセントカラーを使って、一箇所を凝視させた！

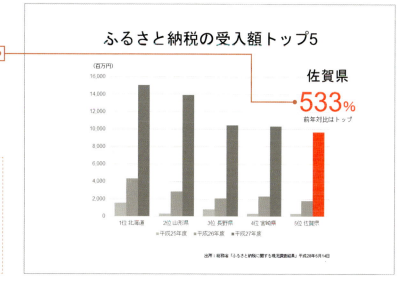

否応なく一箇所だけが目立つ

伝えたいことが明確になった
グラフの要素の色をすべてグレーに変更し、一箇所だけ赤色でアクセントを付けた。コントラストが際立って、「前年対比533％の佐賀県」が否応なく目に入る。

54 要素を反復させて統一感を出そう

Keyword 反復

ページ資料で統一感を持たせようと思ったら、デザインの特徴を反復させるのが手っ取り早い解決策です。全ページを通して情報要素を反復させれば、一貫性や統一感が生まれます。文字サイズとフォント、アイキャッチの色、キーワードの配置、文章と写真のサイズと並べ方など、何でも反復させられます。

■ 要素の特徴を反復させる

　紙面を構成する情報要素なら何でも反復させることができますが、例えば文言の違いがあっても"まったく同じ"にすると、さすがに飽きて緊張感がなくなってしまいます。前後のページと全体を貫くビジュアル要素が必要であるということです。

　例えば、表紙に新鮮野菜の写真をシンボルとして使うのであれば、以降のページに小さく同じ写真を使ったり、色を変えてアイコンとして見せることができるでしょう。

　また、最初のシンブル写真がトマトなら、以降のページにレタスやピーマンを使って「有機野菜」「イタリアン」「農業の法人化」といったテーマを伝えることもできるでしょう。バリエーションを付けながらレイアウトを統一させると、読み手の興味をそそるわかりやすい資料になっていきます。

▼野菜の写真を背景に使った表紙

▼写真の一部をトリミングして右上に配置した2ページ目
（以降のページも、野菜の一部を見せて統一感を出す）

▼レンガ壁の写真を敷き詰めた表紙

▼写真の上部をだけを見せた2ページ目
（以降のページも、同パターンで一貫性を出す）

Before ページごとにバラバラで、落ち着きが感じられない…

関連性のある要素が1つもない
各スライドで帯やアイキャッチの位置とかたちがバラバラ。ページ資料なのにまとまりがなく、内容のつながりがわからない残念な結果に。

After 共通パーツの写真が反復することで、一貫性が生まれた！

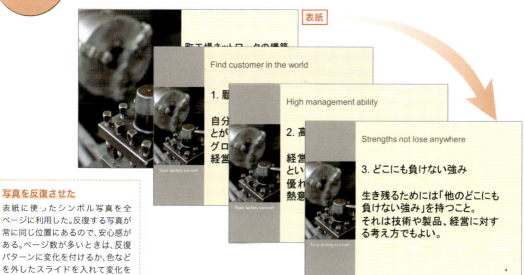

写真を反復させた
表紙に使ったシンボル写真を全ページに利用した。反復する写真が常に同じ位置にあるので、安心感がある。ページ数が多いときは、反復パターンに変化を付けるか、色などを外したスライドを入れて変化を加えるとよい(100ページ参照)。

55 重心を意識して安定感を出そう

Key word
重心

紙面を構成するタイトルや本文、写真や色面などの要素には、それぞれ**重さ**があります。重さを考えないで要素を勝手な場所に置いてしまうと、不安定でアンバランスな雰囲気のレイアウトになってしまいます。紙面のバランスは、重心で決まると言ってもいいでしょう。

■ 紙面のバランスは重心で決まる

デザインにおける重さとは、視覚的な重量のことです。紙面にはさまざまな情報要素が、色やサイズ、ウエイト（太さ）という重さを持って配置されています。

見た目がイイバランスのレイアウトにするには、**重さ**を意識して要素のつり合いを考えて配置する必要があります。重さは次のように考えます。

- 濃度や密度が高いものは重くなり、低いものは軽くなる
- 文字を太くしたり、字間・行間を詰めると重くなる
- 色は暗いと重く感じ、明るいと軽く感じる

≫ 紙面の中央、中心を意識する

具体的には、要素を中央揃えにすると、重心が中央になって安定感が出ます。要素を紙面の対称位置に置くと、やはり重心が中央になります。また、濃い小さな写真を右上に置き、薄い大きめの写真を左下に置くと、重心を中央に寄せられます。

重心のとれたレイアウトだけが、正しいデザインではありませんが、何となくバランスが取れないと感じたときは、重心をコントロールしてみるといいでしょう。

▼中央揃えはシンメトリーになるので重心が取りやすい。簡単に安定感を出せる

▼2つの写真を対角線上に配置した。互いが支え合ってバランスを保っている

写真の位置と大きさによって、重さが上に偏っている…

上が重く、下が軽い
太く大きなタイトルと唯一のビジュアル写真が上部に密集。背景に色みがないのも相まって、不安定な印象を与えている。上と下のつり合いを整えるといい。

重みの中心が上に偏っている

上と下に色を付けて、重心のバランスを修正！

色を付けただけで イイ感じになった
上部に色の背景を敷き、タイトルと写真にまとまりを持たせた。同時に、下部に色帯を作って上下の重さのつり合いを図り、不均衡を解消した。タイトルは白抜き文字ですっきりさせた。

上と下の重さのバランスが取れた

---------------------------------- column ----------------------------------

自作図形をイラストのように使いたい。
じゃあ、自分で作ってしまえ！

●アイコンやピクトグラムを自作しよう

　ちょっとしたアイキャッチやロゴ、イラストがあると、説明が簡単で印象もよくなることがあります。そうかと言ってプロに頼むほどでもない……。それなら、自分で作ってしまいましょう。

　精巧な曲線やタッチを必要としないピクトグラムのようなものは、基本図形を組み合わせれば作ることができます。複数の図形をグループ化すれば1つの要素として扱えますが、さらに図形を結合という機能を使えば、独自の形状の図形が作成でき、その図形に対して枠線や塗りつぶしといった加工も可能になります。

　図形の重なりがある箇所の色を抜いたり、幾何学模様にしてみたりと、きれいでオリジナリティーあふれるアイキャッチやイラストにすることが可能です。

　図形を結合するときは、必要な図形を選択して［描画ツール］の［書式］タブにある［図形を結合］をクリックし、表示されるメニューの［結合］や［型抜き/合成］などを選ぶだけです。

　なお、パワポ2010は、図形の合成機能は表示されていませんので、リボンやクイックアクセスツールバーに追加する作業が必要です。［ファイル］タブ→バックステージビューの［オプション］→［PowerPointのオプション］ウィンドウ左側にある［クイックアクセスツールバー］から操作してください。

▼[型抜き/合成]する

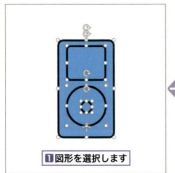  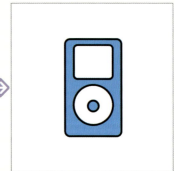

  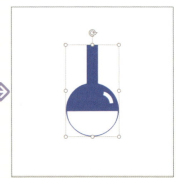

Part 8

伝わる資料を作りたい。
NG&完成サンプルで
デザインセンスを磨こう!

内容が相手に伝わらないのは
やってはいけない作り方をしているから。
NGポイントを理解して
伝わる資料に生まれ変わらせよう。

56 文字を書き過ぎてしまうNG

 どうしても書き過ぎてしまう。まずほとんどの人が読まないだろう…

シニア向けサービスの強化と拡充に関するご提案

当組合の加入者は1970年代に急増したこともあり、60歳以上の組合員が全体の4割以上を占めます。よって、これまでは介護事業に関連する商品とサービスをメインに置いてきましたが、今後は会員数の大きな増加は見込めません。そこで**シニア層の満足度を高める**ことで会員の継続加入につなげる方針に転換します。シニアを中心としたサービス内容を多様化し、高付加価値サービスを提供していきます。また、組合員に有料で提供している注文タブレットの活用を戦略ツールとして位置づけます。

● 毎日の自己健康管理を支援します。
1. 介護予防ビデオの配信
2. 脳活性化コンテンツの配信
3. ゴルフレッスン動画の視聴

● 日常生活の"困った"を解決します。
1. 家事支援サービス
2. 補聴器の販売
3. 共同墓地の運営

● 働いて実収入の増加を支援します。
1. シニア販売員の採用
2. 貸し農園の運営
3. 内職の紹介

説明が必要な資料は、ついつい書き込んでしまう。親切な読み手ばかりでないので、文章を読まずに、次の話題に行ってしまうことだってあるでしょう。

Check!
- タイトルと説明が長すぎる
- 文字サイズが小さい
- 色を使い過ぎている

 内容を絞り切って箇条書きにした。読む前に目に入ってくる！

シニアに大きな満足を！
3つの支援サービス

1. 自己健康管理の充実
2. 日常生活の笑顔
3. 実収入の増加

内容は3つに絞られるので、番号を付けた箇条書きでスッキリさせました。主旨を代弁するキャッチーなタイトルをレイアウトすると、興味を持って読んでくれるはずです。

Change!
- 箇条書きでシンプルに見せた
- キャッチーなタイトルを入れた
- 文字に使っている色数を減らした

57 情報を詰め込んでしまうNG

BAD!! あれもこれも入れたい？　多すぎる情報はノイズと一緒だ…

データ・クリッピングサービスの提案

1. 背景
新聞の発行部数は年々減少している。ある調査によると、新聞を読まない理由としては、「インターネットのニュースサイトで十分」が半分を超え、以下「テレビのニュースで十分」と「価格・購読料が高い」が続く。一方で、ネット情報は適切にナビゲートしないと、必要な情報にたどり着かないという厄介さがある。

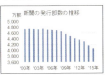

スマホやタブレットなどのデジタルメディアが、今後さらに若年層に浸透していく。それに「新聞を読む習慣がない」を理由に、紙媒体の新聞を買わない人は、増えていくことだろう。

2. 概要
- サイト登録者に必要な情報を選別・簡素化して提供する情報サービスを事業化する。
- 新聞情報や市場情報、業界専門紙を基本ソースとして、定期的な市場リサーチを編集したフレッシュネタも併せて提供する。
- 登録者には毎朝スマホにメールとして配信される。
- 購読は無料で、興味のある分野のみ配信分野を選択できる。月1回の簡単な登録者アンケートに答えるだけを条件とする。
- 広告収入で事業を成り立たせる。広告主は、①興味を持つ人に確実に広告が届く　②ピンポイントの消費者ニーズが正確に入手できるようになる。
- その結果、各業界の多様な動きや社会全般の流れを把握できるようになる。

欲しい情報や新しい情報が自動的に手に入れば、毎日の業務が非常にラクになる。自分で探す手間暇が省ければ、市場分析や企画立案に集中でき、時間を効率的に使うことができる。

よくある失敗は、言いたいことのすべてを詰め込んでしまうこと。その結果、汲々する紙面に情報が埋もれて、本当に伝えるべき情報が伝わらなくなってしまいます。

Check!
- 余白が少ない
- 要素間が密着して混雑している
- 文章が多くて圧迫感がある

GOOD! グッと我慢して、厳選した"ひと言"に集約しよう！

データ・クリッピングサービスの提案
毎朝、貴重な情報が手元のスマホに届く！　　1. 背景

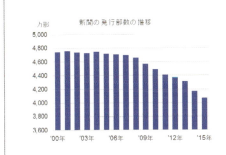

使い勝手が悪い新聞は読まれていない。

求められるのは、
- 必要な情報が
- 手元のスマホに
- 朝イチで

手に入ること。

グラフから企画背景を伝えるため、解説文ではなく、本質をズバッと言い表す簡潔な文言に直しました。1スライド1メッセージの基本が生きて、読み手に伝わりやすくなります。

Change!
- グラフを訴求のメインにした
- 主旨を簡潔なひと言で表した
- 余白を作った　など

58 何でもかんでも箇条書きのNG

 こんな箇条書きは「もう見飽きた」って言われそう…

新しいショッピングサイトの構築

1. 刺激的なコンテンツ
2. 安心で安全な決済
3. 使いやすい操作性

情報が整理される箇条書きは便利ですが、「見飽きた」と言われてしまうことも。工夫の跡が見られない箇条書きでは、内容が読み手の心に響きません。

Check!
- 何かといえば番号付き箇条書き
- 見飽きたスライドレイアウト
- 素っ気ないデザイン

 大きな円で囲んで目新しさと変化を出した！

新しいショッピングサイトの構築

- 刺激的なコンテンツ
- 使いやすい操作性
- 安心で安全な決済

箇条書きとは、結論を「簡潔に」「明確に」見せること。段落にしなくても明確な意図が感じられるつくりなら、見てわかるスライドに仕上がります。

Change!
- 段落の箇条書きをやめた
- 三か条を3つの円で表した
- 円の並べ方に変化を付けた

写真を使って想像力を膨らませてみた

写真を使えば、いろいろな情報が伝えられます。写真と重ねる文言は、文章よりも短い単語のほうがキレとストレート感が出ます。内容に合う適切な写真を選択しましょう。

Point
- 三か条ををを3つの写真で表現した
- 情緒的な暖色に変更した
- 白抜き文字で読みやすくした など

図形を使った付箋紙デザインで楽しさを出した

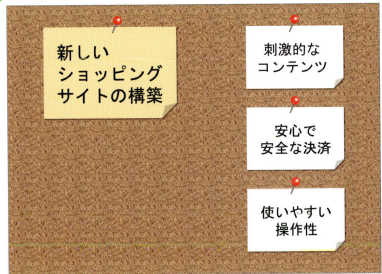

ボードに貼ったメモは、箇条書きに代わる見せ方です。誰でも一瞬で情報が理解できます。背景は「コルク」のテクスチャを使用して、赤い留めピンは円と台形で表現しています。

Point
- 背景をテクスチャで塗りつぶした
- 基本図形の「メモ」を使用した
- 留めピンはグラデーションで立体感を出した など

59　たくさんのフォントを使うNG

個性的なフォントばかりで印象が定まらない…

似た印象のフォントを使って統一感を出した

印象の異なるフォントを複数使っているため、統一感がありません。デザインの意図がはっきりしないと、見栄えが悪く内容が伝わりにくくなります。

Check!
- タイトルに「富士ポップ」フォントはそぐわない
- 見出しの「MSゴシック」の太字はつぶれている
- 一部の英数字に和文フォント(MSゴシック)が使用されている

似た印象のフォントまたはファミリーフォントを使うようにしましょう。「HGS創英角ゴシックUB」と「MSゴシック」の2つのフォントでも美しく仕上がります。

Change!
- タイトルと見出しを「HGS創英角ゴシックUB」に変更
- 本文を「MSゴシック」に変更
- 英数字を「Arial」に変更

60 表の装飾にこだわり過ぎるNG

 装飾した表が「濃い」「重い」「読みづらい」

Promotional materials

中規模向けグループウェア
『J-GROUP』

1. 業種と業務を選ばない
2. スマホ版は無料提供
3. シンプルで使いやすい操作性
4. 安価なイニシャルコスト
5. 豊富な導入実績がある定番商品

ユーザー数	当社	A社	価格差
100	400,000	770,000	-370,000
150	600,000	1,155,000	-555,000
200	800,000	1,540,000	-740,000
250	1,000,000	1,750,000	-750,000
300	1,200,000	2,100,000	-900,000
350	1,400,000	2,450,000	-1,050000
400	1,600,000	2,800,000	-1,200,000
450	1,800,000	2,940,000	-1,140,000
500	2,000,000	3,220,000	-1,220,000

表のデザインは、「表のスタイル」の「濃色」の［濃色スタイル1-アクセント6］を適用したもの。用意されているものとはいえ、安易に使うと暑苦しく見えます。装飾にこだわり過ぎると美しくなりません。

Check!
- 表全体が濃く重く感じる
- 表内の白抜き数字が読みづらい
- 隔行の色の差異が小さい

 緑色の濃淡だけで見やすさをアップさせた！

Promotional materials

中規模向けグループウェア
『J-GROUP』

1. 業種と業務を選ばない
2. スマホ版は無料提供
3. シンプルで使いやすい操作性
4. 安価なイニシャルコスト
5. 豊富な導入実績がある定番商品

ユーザー数	当社	A社	価格差
100	400,000	770,000	-370,000
150	600,000	1,155,000	-555,000
200	800,000	1,540,000	-740,000
250	1,000,000	1,750,000	-750,000
300	1,200,000	2,100,000	-900,000
350	1,400,000	2,450,000	-1,050000
400	1,600,000	2,800,000	1,200,000
450	1,800,000	2,940,000	-1,140,000
500	2,000,000	3,220,000	-1,220,000

タイトル行を濃い緑、隔行を薄い緑で塗りつぶしました。隔行に色を付けるだけで、隔行の白地行との対比が際立ち、数値を目で追いやすくなりました。スッキリとやさしいイメージの表です。

Change!
- 見出しを濃い緑で塗りつぶした
- 隔行を薄い緑で塗りつぶした
- 「価格差」の列を赤文字にした

61 目立たせようとして目立たないNG

 「あれもこれも」色を付けては目障りなだけ…

技術継承セミナーの開催企画
伝え、受け取り、次世代へつなぐ。

1. 優れた **個人の技術を継承** する
   プロジェクトを遂行する中で得た **失敗や課題、成功など の経験を開示** し、技術として **ノウハウ化** する。

2. **差がある 技術力を均一化** する
   先輩の経験と知識を学習・理解して、未熟な技術を **一定 のレベルまで均一化** することを目指す。

3. 技術の **習得時間を効率化** する
   経験に裏打ちされた知識を学ぶことで、短時間で効率的 に **実践に即したスキルを身に付ける** 。

大きな文字や色の付いた文字が目立つのは、小さい文字や無色の箇所があるからこそ。差異がない中での強調処理は、乱雑で目障りなだけ。メリハリを付けなければ差異が生まれません。

Check!
- 色文字の箇所が多すぎる
- 色文字の文言が長すぎる
- 番号付き段落と説明段落に差異がない

 強調の色文字を全部やめてスッキリさせた！

技術継承セミナーの開催企画
伝え、受け取り、次世代へつなぐ。

1. 優れた個人の技術を継承する
   プロジェクトを遂行する中で得た失敗や課題、成功などの経験を開示し、技術としてノウハウ化する。

2. 差がある技術力を均一化する
   先輩の経験と知識を学習・理解して、未熟な技術を一定のレベルまで均一化することを目指す。

3. 技術の習得時間を効率化する
   経験に裏打ちされた知識を学ぶことで、短時間で効率的に実践に即したスキルを身に付ける。

番号付き段落を黒、その下の説明段落を背景と同じ青緑色に変更しました。これだけで差異が生まれ、3つの箇条書きが目立ちます。シンプルですが読みやすくなりました。

Change!
- 強調の色文字を解消した
- 説明段落の文字に色を付けた
- 黒と青緑の2色でまとめた

箇条書きをメインにして大胆に表現した

技術継承セミナーの開催企画
伝え、受け取り、次世代へつなぐ。

✓ **優れた個人の技術を継承する**
プロジェクトを遂行する中で得た失敗や課題、成功などの経験を開示し、技術としてノウハウ化する。

✓ **差がある技術力を均一化する**
先輩の経験と知識を学習・理解して、未熟な技術を一定のレベルまで均一化することを目指す。

✓ **技術の習得時間を効率化する**
経験に裏打ちされた知識を学ぶことで、短時間で効率的に実践に即したスキルを身に付ける。

3つの箇条書きを主役にするために44ポイントの文字サイズを使い、下の説明段落は12ポイントに変更しました。文字サイズのギャップと余白で、メリハリの効いた箇条書きになりました。

Point
- 箇条書きの文字を44ポイントにした
- チェックマーク付き段落に変えた
- キーワードに色を付けた など

大きなキーワードが自然に目に飛び込んでくる

技術継承セミナーの開催企画
伝え、受け取り、次世代へつなぐ。

継承
優れた個人の技術を継承する
プロジェクトを遂行する中で得た失敗や課題、成功などの経験を開示し、技術としてノウハウ化する。

均一化
差がある技術力を均一化する
先輩の経験と知識を学習・理解して、未熟な技術を一定のレベルまで均一化することを目指す。

効率化
技術の習得時間を効率化する
経験に裏打ちされた知識を学ぶことで、短時間で効率的に実践に即したスキルを身に付ける。

キーワードで読ませるスライドに変更しました。60ポイントの「HGPゴシックE」で作成した3つのキーワードは存在感が際立ち、パッと見ただけでスライドの意図が伝わります。

Point
- キーワードを抜き出した
- キーワードを図形化した
- 説明内容を副次的に扱った など

62 必要な情報が入っていないNG

BAD!! 雰囲気でまとめるだけでは企画書にならない…

店内試食プロモーションの企画

系列店の店内で試食プロモーションを大々的に行う企画です。冷凍和食商品の認知度を上げ、購買層の拡大を図ります。定番の販促プロモーションですが、SNSの口コミによるファン拡大も期待します。そのため当社SNSを効果的に連動させます。

この企画でメインターゲットにするのは、30〜40代の主婦層です。忙しい主婦が「ウチでサッと作れる本格和食」をうたい、時間入らず手間いらずで、簡単に料理が作れることを強くアピールします。

また、当社の冷凍技術で「ここまでおいしい」を実感していただき、品質重視の商品であることを訴求します。急な来客にも、十分おもてなしができる冷凍食品として併せてアピールします。

大げさなキャッチコピーと、まとまりのない文章が続く資料に魅力はありません。カジュアルなプレゼンでも、最低限必要な項目は押さえておきましょう。「何を言っているかわからない」と言われてはダメです。

Check!
- 意味のない写真が入っている
- 不要なキャッチコピーが書かれている
- まとまりのない長文が書かれている

GOOD! 必要な項目と内容を入れれば、思いは伝わる！

店内試食プロモーションの企画

目的	訴求ポイント
● 店内試食プロモによって商品の認知浸透を図る。 ● 試食による品質実感で購買層の拡大を推進する。 ● SNSを使った口コミによるファン拡大を期待する。	● ウチでサッと作れる本格和食 ● 時間入らず手間いらず ● もてなしができる冷凍献立 **対象商品** 冷凍食品「今晩和食シリーズ」 **ターゲット** 30〜40代の主婦層

「やっぱりウチで食べる和食はイイね」（通称：ウチイイ）

企画名　「ウチイイ」店内試食プロモーション

内容	進行・予算
● 系列200店舗で月末の土日2日間を使って実施する。 ● デモンストレーターは、各店につき1名を配置する。 ● 調理と陳列内容は、営業部と委託業者で細部を調整する。 ● 会社SNSを常時連動させ、写真と動きをアップする。	● 第1、第2営業部から各2名を選出し、当月半ばまでにプロモ計画表を作成する。 ● 各店舗への打診はエリアマネージャーが行い、当月上旬までに了解を得る。 ● 実施概算は約300万円。費用内訳は別紙を参照。

企画書として必要な目的やターゲットなどの項目を用意して、端的にまとめました。流れを付けた1枚企画書は、情報の過不足をチェックしながら矛盾のないストーリーを作るのに適しています。

Change!
- 不要な写真を外した
- 読み手に必要と思う企画書の構成項目を用意した
- その項目の内容を簡潔に文章にした　など

63 意味がいくつにも解釈できるNG

BAD!! 問題は把握できているの？ できていないの？

簡素でカッコいい「問題の把握」という言葉。問題を把握できないことが問題なのか、問題自体は把握済みなのか、いくつにも解釈できるようでは、読み手は混乱してしまいます。

Check!
- 「問題の把握」の意味がいくつにも解釈できる
- キーワードだけではメッセージが伝わってこない

GOOD! 「問題は把握済み。この問題を解消しよう！」というメッセージになる

「問題の把握」の内容を箇条書きにしました。その結果、自社の問題は把握しており、その問題を解消するための資料であることがわかります。このスライドにおけるメッセージが明確になりました。

Change!
- 「問題の把握」の内容を書き出した
- 現在の問題点が具体的に理解できる

64 タイトルを大きくするだけのNG

 タイトルを大きくすれば目立つ。でも、つまらない…

 タイトルを分けて対比の面白さを表現！

タイトル、見出し、本文の順に文字サイズを大から小に変えていけば、レイアウトの階層構造がはっきりします。でもタイトルを大きくするだけではつまらなく、見せる資料としてはイマイチです。

Check!
- 文字の大きさだけで読ませようとしている
- レイアウトに面白みがない
- パッと見たときのわかりやすさに欠ける

明確な階層構造があれば、要素の配置を変えてもわかりやすさはそのままで、紙面に動きを出すことができます。4文字のタイトルの色バックを裁ち落としで左右に振り分けて、大胆に見せました。

Change!
- タイトルに囲み枠を付けて強調した
- タイトルを変形して字面を大きく見せた
- タイトルとサブタイトルの順番を入れ替えた など

Example 1 タイトルを分けて対比の面白さを出した

背景が色ベタの図形の上に白抜き文字を乗せると、否応なく文字が強調されます。ここでは、「ホームベース」の図形を向き合わせて内容の対比を印象付けました。説明を読む前の誘導アイコンの役割も果たします。

Point
- 白色文字で4文字タイトルをキリッとさせた
- 「ホームベース」の図形を対向に配置した
- 余白を取って読みやすさのバランスを図った など

Example 2 オリジナリティーあふれる楽しいタイトルにした

図形の「フリーフォーム」で紙をちぎったようなタイトルを作りました。図形そのものは地味なので、色で塗りつぶし影を付けてあります。図形が浮かび上がって変化を感じるデザインになりました。

Point
- 「フリーフォーム」の図形でタイトルを作った
- 色ベタ＋文字白抜き＋影で楽しい雰囲気にした
- やさしい印象のフォント「メイリオ」に変えた など

65 冴えない画像を使ってしまうNG

  冴えないイラストは、冴えない資料につながる…

6. 効果予測
24-hour telephone support
お客様の声を24時間お聞きする

1. お客様が問題点を教えてくれる。
2. 隠れていた課題が顕在化する。
3. 常時応対でお客様に安心感が生まれる。
4. 改善すべき情報が社内で共有できる。
5. 内容を分析して接客術に活用できる。

「空いてるから…」「寂しいので…」そんな理由で冴えないイラストを入れる人がいます。冴えない画像は、読み手の混乱をきたすだけ。ビジネス資料に"余計な要素"は要らないのです。

Check!
- 不要な画像が入っている
- 画像自体に大して意味がない

  意味のない画像を外すと、文章が生きてくる！

6. 効果予測
24-hour telephone support
お客様の声を24時間お聞きする

1. お客様が問題点を教えてくれる。
2. 隠れていた課題が顕在化する。
3. 常時応対でお客様に安心感が生まれる。
4. 改善すべき情報が社内で共有できる。
5. 内容を分析して接客術に活用できる。

関連性がないイラストや、余白を埋めるだけの写真を入れるようなら、まったくないほうがマシです。間違いなく品位を落としてしまいます。急いで削除しましょう。

Change!
- 不要な画像を削除した
- 背景にグラデーションを施した

66 画像を安易に変形してしまうNG

 縦横比が変わると、写真の意図がわからなくなる…

写真を安易に変形すると、縦横比が崩れて構図がつぶれてしまいます。写真を使う意図を正しく伝えるためには、歪めないことが大切。間違ったメッセージが発せられてはいけません。

Check!
- 写真を原寸サイズで扱った
- レイアウトの都合で写真の横幅だけを狭くした

 正しい比率で見せると、メッセージも正しく伝わる！

縦横比を崩さずに扱うと、写真の持つ情報が正しく伝わります。比率を変えずに変形するには、写真の四辺にあるハンドルではなく、四隅のハンドルをドラッグしましょう。

Change!
- 写真の縦横比を維持して、原寸サイズより小さくレイアウトした
- 余白の一部にパターンを敷いた

67 グラフを初期設定のまま使うNG

 挿入したグラフをそのままにしてはダメだ…

とりあえず作れてしまうグラフですが、そのままにしておくのはご法度です。グラフを見せる理由を考えて、メッセージが正しく強く伝わるようにグラフを加工しなくてはいけません。

Check!
- 要素数が多くて混雑している
- 文字が小さく、要素棒の幅も狭い
- 配色が薄くて数値が読み取りにくい

 「見える」「わかる」「読み取れる」グラフに変身！

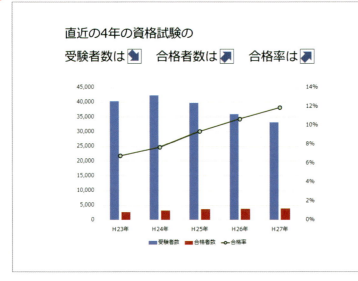

プレゼンにおけるグラフは、精密さよりもわかりやすさが優先されます。グラフの項目数を減らし、見やすいフォントと配色に変えるだけでわかりやすさが格段にアップします。

Change!
- 項目数を13個から5個に間引いた
- フォントを黒の「メイリオ」、要素棒と折れ線を濃い配色に変えた
- タイトルを削除した
- 2軸の目盛りの小数点桁数をゼロにしたなど

ポイントを絞って説明を加えると効果的

メッセージとして伝えたい部分は、「合格者と合格率がアップ」していること。ここが即座に伝わるように図形を使って強調すれば、読み手の視線は自然と集まります。キリのいい文言で簡潔に言い切りましょう。

Point
- 図形を加えてデータの傾向を説明した
- すべての要素のデータラベルを表示した
- グラフの系列、データラベル、説明文のアイコンの色を一致させた など

 マーカーに一工夫して折れ線に注目させる

折れ線グラフは、細くてひ弱な印象になりがちです。マーカーのサイズを極端に大きくし、データラベルを表示させてみましょう。数値と折れ線が一体化し、データの変化がつかみやすくなります。

Point
- 折れ線のマーカーのサイズを25ポイントに変更した
- 折れ線のデータラベルを「中央」にして、白文字に変更した
- プロットエリアの背景に薄い色を付け、目盛り線を白にした など

68 罫線で囲んでまとめたがるNG

囲み枠が多いと、煩雑な領域ばかりで集中できない…

要素を枠で囲むと、情報はまとまりますが小さなスペースばかり増えます。枠自体が目立って、内容に集中できません。特に角丸四角形は、角枠のところで文字に接近し、窮屈で不格好に見えます。

Check!
- 構造が明確になるが、情報が散乱しがち
- 枠が目立ってレイアウトが煩雑になる
- 枠の周辺に使い道のない余白が生まれる

背景と領域の色の差を使ってスッキリさせた！

罫線による囲みがなくても、情報のまとまりがわかるのがベスト。色の領域で囲んで差異を出したり、余白を作ってシンプルに見せるようにしましょう。罫線を使うときは、細く薄く最小限にするのが基本です。

Change!
- 背景色の違いで差異を出した
- 5つの項目名を左揃えにして余白を作った
- 表の罫線を横3本だけに抑えた

69　背景にビジュアルを欲しがるNG

 BAD!!　背景に写真を敷けば、好印象というわけでもない…

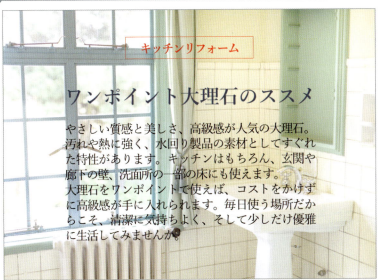

キッチンリフォーム

ワンポイント大理石のススメ

やさしい質感と美しさ、高級感が人気の大理石。汚れや熱に強く、水回り製品の素材としてすぐれた特性があります。キッチンはもちろん、玄関や廊下の壁、洗面所の一部の床にも使えます。大理石をワンポイントで使えば、コストをかけずに高級感が手に入れられます。毎日使う場所だからこそ、清潔に気持ちよく、そして少しだけ優雅に生活してみませんか。

デザインに困ったら、背景に写真を入れてしまえ。こんな考えでは、内容にミスマッチした写真を選んだり、背景色と重なって文字が読めないといった失敗も生じます。

Check!
- 雰囲気で写真を選んでしまった
- 背景と重なって文字が読めない

 GOOD!　テクスチャを使って、雰囲気を演出してみた！

キッチンリフォーム

ワンポイント大理石のススメ

やさしい質感と美しさ、高級感が人気の大理石。汚れや熱に強く、水回り製品の素材としてすぐれた特性があります。キッチンはもちろん、玄関や廊下の壁、洗面所の一部の床にも使えます。大理石をワンポイントで使えば、コストをかけずに高級感が手に入れられます。毎日使う場所だからこそ、清潔に気持ちよく、そして少しだけ優雅に生活してみませんか。

パワポが用意しているテクスチャやグラデーションを使って、イメージを作ることができます。入手が面倒な写真素材に比べ、簡単に手触りや香り、味を想起させて雰囲気を高めることができます。

Change!
- テクスチャの「大理石（白）」を背景に使った
- テクスチャの透明度を20%に設定した
- 最上部のキーワードの背景を白にした

70 難しく読ませようとするNG

漢字が多いと、堅苦しくて読みたくない…

Prologue ▶ 地方の古里事業を戦略的に推進する

　　日本の産業を3部門別に見ると、15歳以上の就業者数の推移は、第3次産業は調査開始以来の増加が続いている。一方で、第1次産業は昭和30年以降、第2次産業は平成7年以降、それぞれ減少が続いている（総務省統計局調べ）。農林水産業と言う地方のコア産業に就業する人の数は、全くもって減少する一方なのだ。
　　地方では仕事が無い。魅力が無い。若者もいない。だから人口が減って行く。今、この負の連鎖を断ち切る対処をしなければ、地方の未来は暗い。如何に魅力を持たせて、人を住まわせるか。結局は"活気"と言う良薬を作る以外に、病人を回復させる手立ては無い。
　　元来、地方は魅力が無いのではなく、魅力を表現出来ない事に尽きる。「自分達の町の魅力は何か？」を突き詰めれば、都市と差別化が出来る糸口が必ず見つかる筈だ。
　　先ずは、地場産業の回復によって日々の糧を確保する事が先決だ。特に、地域に密着した農業と漁業は、日本の自給率確保の施策と相まって復権が可能だ。今、その担い手を育成する事で地力を蓄え、人口の過疎化に歯止めをかける。企業の誘致促進に向けて、行政と税制優遇の施策を練り、戦略的古里事業に挑戦したい。

説明が必要な資料は文字数が増えます。賢く見せようと、漢字ばかり使うのはNGです。パッと見た印象が堅苦しく、圧迫感を与えます。読んで欲しいのに読まれない資料になってしまいます。

Check!
- やたらと漢字を使いすぎている
- そのせいで紙面が重く、圧迫感がある
- 文章を読み進めるのが苦痛だ

漢字比率は全体の3割を目安にする！

Prologue ▶ 地方の古里事業を戦略的に推進する

第1次、第2次産業は減少続く
　　日本の産業を3部門別にみると、15歳以上の就業者数の推移は、第3次産業は調査開始以来の増加が続いている。一方で、第1次産業は昭和30年以降、第2次産業は平成7年以降、それぞれ減少が続いている（総務省統計局調べ）。農林水産業という地方のコア産業に就業する人の数は、まったくもって減少する一方なのだ。

地方の魅力を表現しよう
　　地方では仕事がない。魅力がない。若者もいない。だから人口が減っていく。いま、この負の連鎖を断ち切る対処をしなければ、地方の未来は暗い。いかに魅力を持たせて、人を住まわせるか。結局は"活気"という良薬を作る以外に、病人を回復させる手立てはない。
　　元来、地方は魅力がないのではなく、魅力を表現できないことに尽きる。「自分たちの町の魅力は何か？」を突き詰めれば、都市と差別化ができる糸口が必ず見つかるはずだ。

戦略的古里事業に挑戦する
　　まずは、地場産業の回復によって日々の糧を確保することが先決だ。特に、地域に密着した農業と漁業は、日本の自給率確保の施策と相まって復権が可能だ。いま、その担い手を育成することで地力を蓄え、人口の過疎化に歯止めをかける。企業の誘致促進に向けて、行政と税制優遇の施策を練り、戦略的古里事業に挑戦したい。

文章を減らすのは無理なら漢字比率を減らしましょう。文章全体の5割が漢字だと重く、1割だと軽すぎます。目安は3割程度が妥当。見出しを付けて読みやすい工夫も読み手に好まれます。

Change!
- 「無い」「全く」「事」「筈」などをひらがなに修正した
- 見出しを作成して段落を分けた
- 見出しを18ポイント、本文を16ポイントに変更した

71 引き出し線がカッコ悪いNG

あちこちから飛び出した線は不格好だ…

図や写真の説明に使う引き出し線は、線を引き出す位置や角度が不揃いだと、不格好で散乱した印象を与えてしまいます。ルールを決めてレイアウトを統一する必要があります。

Check!
- 引き出し線の角度がマチマチ
- 引き出し文字の位置がバラバラ
- 引き出し線が太くて強すぎる

統一感のあるスッキリした印象になった！

直線を使っていた引き出し線は、図形の「吹き出し」に変更しました。1つ1つの引き出し線の角度と文字位置が、規則正しく整然と並んでいます。統一感が出て気持ちよくなります。

Change!
- 図形の「吹き出し：折れ線（枠なし）」を使った
- 引き出し線の角度と位置を揃えた
- 引き出し線を細くしたなど

72 テキストボックスの余白を変えないNG

 余白がないと、圧迫感が出て読みにくくなる…

テキストボックスに適度な余白がないと、圧迫感が出ます。特に四隅は境界線と文字が接近し、視線の邪魔になります。文字量と文字サイズによって適度な余白を作ると、美しく見えます。

Check!
- 右上のタイトルの内部の余白が広すぎる（游明朝 Demibold、40ポイント）
- 右下のテキストボックスの余白が狭すぎる（初期値の左右「0.25cm」、上下「0.13cm」のまま）

 余白を取ると、統一感が出て読みやすくなる！

テキストボックス内部の余白を多く取って、圧迫感を解消しました。文章を読む際に、囲みの罫線もさほど気にならなくなります。文字量が多いほど、余白を多く取るといいでしょう。

Change!
- 上の3文字のタイトルを72ポイント、上余白を「0.5cm」に変更した
- 下のテキストボックスの内部の余白を上下左右ともに「0.5cm」に変更した

本書の使い方／サンプルファイルについて

　本書で紹介しているファイルは、本書のサポートページからダウンロードできます。PowerPointを実際に操作することで本書の内容がより理解でき、効率的にテクニックをマスターできます。

　詳細につきましては、ソーテック社のホームページから本書のサポートページをご覧ください。

■本書のサポートページ

http://www.sotechsha.co.jp/sp/1145/

■パスワード

TsutaWaruPP

※半角英数字。大文字／小文字は正確に入力してください。

- 本書に記載されている解説およびサンプルファイルを使用した結果について、筆者および株式会社ソーテック社は一切の責任を負いません。個人の責任の範囲内にてご使用ください。また、本書の制作にあたり、正確な記述に努めていますが、内容に誤りや不正確な記述がある場合も、当社は一切責任を負いません。
- 本書に記載されている解説およびサンプルファイルの内容は、PowerPointの機能とデータ操作の解説を目的として作られたものです。文章やデータの内容は架空のものであり、特定の企業や人物、商品やサービスを想起させるものではありません。
- 本書は、PowerPointの基本的な操作について一通りマスターされている方を対象にしています。アプリの具体的な操作方法については詳細に解説していないので、初心者の方は、本書の前に他の入門書を読まれることをお勧めします。
- サンプルファイルは、PowerPoint 2016/2013/2010で利用できます。スライドサイズはA4用紙の印刷サイズ（幅：29.7cm、高さ：21cm）です。なお、権利関係上、ご提供できないファイルや写真、動画やフォントがあります。あらかじめ、ご了承ください。

サンプルファイルに収録の写真について

　サンプルファイルに収録の写真は、「写真素材ぱくたそ」(https://pakutaso.com) の写真素材を利用しています。写真素材のファイルは、本書の学習用途以外には使用しないでください。

　これらの写真を継続して利用する場合は、「写真素材ぱくたそ」の公式サイトからご自身でダウンロードしていただくか、ご利用規約(http://www.pakutaso.com/userpolicy.html) に同意していただく必要があります。同意しない場合は写真ファイルのご利用はできませんので、ご注意ください。

　「フリー写真素材サイトぱくたそ」もしくは「ぱくたそ」は、高品質・高解像度の写真素材を無料（フリー）で配布しているストックフォトサービスです。

157

INDEX

数字・アルファベット

1メッセージ	24
A4	23
MS ゴシック	51, 92
MS 明朝	51, 92
PDCA	76
PDFファイル	90
PPM	76
RGB	40
Z型	62

ア行

アイコン	104, 134
アクセントカラー	128
アシンメトリー	122
アニメーション	88
あらすじ	26
色	40, 126
インデント	96
エレベーターピッチ	29
黄金比	124
欧文フォント	52

カ行

ガイド	45
角版	118
囲み罫	152
箇条書き	138, 142, 143
仮想線	68
画像	148, 149
漢字比率	154
切り抜き	120
行間	60
強制改行	57
禁則処理	70
グラフ	82, 84, 150, 151
グラデーション	40
グリッドシステム	44
グリッド線	45
グループ化	72
罫線	152
ゴシック体	51
コントラスト	40

サ行

差異	98
彩度	40
サマリー	21
サムネイル	27
字間	61
色相	40
色相環	40
字下げ	96
字面	50
紙面のバランス	132
写真加工	108
ジャンプ率	102
重心	132
資料	10
シンメトリー	122
図解	74
図形を結合	134
図のスタイル	108
スポイトツール	126
スマートガイド	68
スライデュメント	29
スライド一覧	46
スライドサイズ	22, 38, 112
スライドの再利用	66
スライドマスター	35
セルの余白	80

タ行

タイトル	146
裁ち落とし	118
タブ	96
タブルーラー	96
段組み	94
段落	58
段落内改行	58

テキストボックス	48, 56, 156
テンプレート	34
統一感	116
動画	86
トリミング	120
トーン	40

ナ行

ノートペイン	37

ハ行

背景	100, 153
背景の削除	120
配色	41
白銀比	124
版面	43
反復	130
引き出し線	155
ピクトグラム	134
ビデオ	86
表	78, 80, 141
フォント	50, 92, 140
フォントの埋め込み	32
ぶら下げ	96
プレゼン資料	13
プレースホルダー	36
フレームワーク	76
ページ数	20
ヘッダーとフッター	116
補色(反対色)	40

マ行

マージン	94
見出し	64
明朝体	51
明度	40
メイリオ	50, 92
文字サイズ	54
文字の効果	106

ヤ行

游ゴシック	50, 92

誘導	110
余白	114, 156

ラ行

両端揃え	70
ルール	116

ワ行

ワードアート	106
和文フォント	52

■ 著者紹介

渡辺克之（わたなべかつゆき）

テクニカルライター。コンサル系SIer、広告代理店、出版社を経て1996年に独立。エディトリアルデザインを中心に出版書籍の企画と制作、執筆で多くの経験を積む。企業取材や販促企画の分野でも活動。OfficeアプリとWindows、VBAを実務に活かす視点から解説した書籍の執筆は、本書で50冊目になる。ソーテック社の「伝わる」シリーズは、多彩な実例を盛り込んだ図解書として好評を得ている。資格と趣味はITパスポート、サッカー、歴史・経済小説。

【主な著書】
増補改訂版「伝わる資料」デザイン・テクニック（2021年）
世界一やさしい プレゼン・資料作成の教科書1年生（2020年）
「伝わる」のはどっち？ プレゼン・資料が劇的に変わる デザインのルール（2019年）
「伝わる資料」PowerPoint 企画書デザイン（2018年）
「伝わるデザイン」Excel 資料作成術（2017年）

●写真協力
フリー写真素材ぱくたそ

●参考図書
「シンプルでよく効く資料作成の原則」 Robin Williams著　マイナビ出版
「ビジネス教養としてのデザイン」 佐藤好彦著　インプレス
「デザイン入門教室［特別講義］」 坂本伸二著　SBクリエイティブ
「slide:ology［スライドロジー］」 ナンシー・デュアルテ著　ビー・エヌ・エヌ新社
「伝わるデザインの基本」 高橋佑馬・片山なつ著　技術評論社
「やさしいレイアウトの教科書」 大里浩二ほか著　エムディエヌコーポレーション
「やさしいデザインの教科書」 瀧上園枝著　エムディエヌコーポレーション

「伝わるデザイン」PowerPoint（パワーポイント）資料作成術

2016年8月31日　初版　第1刷発行
2021年10月31日　初版　第7刷発行

著者　　渡辺克之
装丁　　植竹裕
発行人　柳澤淳一
編集人　久保田賢二
発行所　株式会社 ソーテック社
　　　　〒102-0072　東京都千代田区飯田橋4-9-5　スギタビル4F
　　　　電話（注文専用）03-3262-5320　FAX 03-3262-5326
印刷所　図書印刷株式会社

©2016 Katsuyuki Watanabe
Printed in Japan
ISBN978-4-8007-1145-8

本書の一部または全部について個人で使用する以外、著作権上、株式会社ソーテック社および著作権者の承諾を得ずに無断で複写・複製することは禁じられています。
本書に対する質問は電話では受け付けておりません。内容の誤り、内容についての質問がございましたら、切手返信用封筒を同封の上、弊社までご送付ください。
乱丁・落丁本はお取り替え致します。

本書のご感想・ご意見・ご指摘は
http://www.sotechsha.co.jp/dokusha/
にて受け付けております。Webサイトでは質問は一切受け付けておりません。